Robert Riemelmoser

Landwirtschaftliche Wildtierhaltung

Stocker

Robert Riemelmoser

Landwirtschaftliche Wildtierhaltung

Dam- und Rotwild im Gehege

Leopold Stocker Verlag
Graz – Stuttgart

Umschlaggestaltung:
DSR Werbeagentur Rypka GmbH, 8143 Dobl/Graz, www.rypka.at
Titelbild: Robert Riemelmoser

Bildnachweis:
Deutz A. (2), Schmid T. (1). Die übrigen Abbildungen wurden uns freundlicherweise vom Autor zur Verfügung gestellt.

Bibliografische Information der Deutschen Nationalbibliothek
Die Deutsche Nationalbibliothek verzeichnet diese Publikation in der Deutschen Nationalbibliografie; detaillierte bibliografische Daten sind im Internet unter http://dnb.d-nb.de abrufbar.

Hinweis: Dieses Buch wurde auf chlorfrei gebleichtem Papier gedruckt. Die zum Schutz vor Verschmutzung verwendete Einschweißfolie ist aus Polyethylen chlor- und schwefelfrei hergestellt. Diese umweltfreundliche Folie verhält sich grundwasserneutral, ist voll recyclingfähig und verbrennt in Müllverbrennungsanlagen völlig ungiftig.

Auf Wunsch senden wir Ihnen gerne kostenlos unser Verlagsverzeichnis zu:
Leopold Stocker Verlag GmbH
Hofgasse 5 / Postfach 438
A-8011 Graz
Tel.: +43 (0)316/82 16 36
Fax: +43 (0)316/83 56 12
E-Mail: stocker-verlag@stocker-verlag.com
www.stocker-verlag.com

ISBN 978-3-7020-1444-5

Layout und Repro: DSR Werbeagentur Rypka GmbH, 8143 Dobl/Graz
Druck: Druckerei Theiss GmbH, 9431 St. Stefan

Inhalt

Vorwort

Angelika und Robert Riemelmoser

Die landwirtschaftliche Gehegewildhaltung – oder im Gesetzesdeutsch: Farmwildhaltung – ist eine seit den 1970ern ständig an Bedeutung zunehmende Branche. Da das Angebot an heimischem Jagd- und Gehegewild sowohl in Österreich als auch in der Europäischen Union insgesamt den Bedarf nicht abdecken kann, sind massive Importe vor allem aus Neuseeland erforderlich. Durch die aktuellen Ernährungstrends hat die Nachfrage nach gesundem Wildfleisch stark zugenommen und wird es wohl weiter tun. Landwirtschaftliche Gehegewildhaltung bedient somit einen der wenigen Nachfragemärkte im Agrarbereich.

Die bäuerliche Wildtierhaltung leistet aber nicht nur einen Beitrag zur Versorgung mit qualitativ hochwertigen, sicheren und gesunden Lebensmitteln. Sie trägt auch einen steigenden Anteil zum Bruttoinlandsprodukt bei und hilft wesentlich bei der Kulturlandschaftspflege. Durch Wildgehege können auch sonst unrentable Steilflächen freigehalten werden, was für die Biodiversität, das Landschaftsbild und nicht zuletzt für den Tourismus von großer Bedeutung ist. Landwirtschaftliche Wildhaltung als Wirtschaftszweig hat Zukunft – für Nebenerwerbs- und Kleinbetriebe ebenso wie für größere Betriebe.

Die Gehegewildhaltung wird hierzulande zumeist mit Damwild betrieben. Damtiere sind auch für Anfänger unkompliziert und extensiv zu halten, liefern vorzügliches Fleisch und lassen sich gut vom heimischen Jagdwild abgrenzen. Darüber hinaus werden aber auch Rothirsche, Sikawild, Davidshirsche und Wildschweine sowie Mufflons in Gehegen gehalten.

Dieses Buch befasst sich daher in erster Linie mit der arbeitsextensiven und artgerechten Haltung von Damwild als der für die Lebensmittelerzeugung am weitesten verbreiteten Farmwildart. Daneben werden auch Hinweise für die landwirtschaftliche Haltung von Rotwild und anderen Farmwildarten gegeben.

Das Buch soll ein praxisorientierter Ratgeber sein. Es soll vor allem Neueinsteigern mit geringen landwirtschaftlichen und jagdlichen Kenntnissen eine kompakte, einfach verständliche Grundlage für eine wirtschaftliche und tiergerechte Damwildhaltung sowie eine hygienische und konsumentengerechte Verarbeitung des Fleisches bieten. Eines muss dabei immer beachtet werden: Da die Farmwildhaltung mit Lebewesen arbeitet, kann dieses Buch keine rein technische „Bedienungsanleitung" sein – es stellt jedoch das Grundwissen zur Verfügung, auf dessen Basis der beste Umgang mit den Tieren durch ihre sorgfältige Beobachtung selbst erlernt werden will.

Wissen und Erfahrung wachsen ständig. So ist dieses Buch die Weiterentwicklung unseres Praxishandbuchs „Dam- und Rotwild im Gehege", das 2006 im selben Verlag erschienen ist. Vieles hat sich in diesen paar Jahren geändert und wird sich auch weiterhin ändern. Wir laden Sie daher sehr herzlich ein, uns ergänzende, lobende und kritische Anmerkungen sowie eigene Beobachtungen unter riemelmoser@biowild.at mitzuteilen.

Unser Betrieb und dieses Buch wären nicht möglich gewesen ohne die zahlreichen, hilfreichen Ratschläge erfahrener Kollegen, die laufende Unterstützung vieler Freunde und die interessanten Informationen aus den Interessensverbänden sowie Beratungsstellen in Österreich, Deutschland und der Schweiz. Ihnen allen danken wir daher auch an dieser Stelle nochmals sehr herzlich.

Robert und Angelika Riemelmoser
Rottenmann, November 2014

Einleitung

Gatterhaltung im internationalen Vergleich

Bestimmte Wildtiere – vor allem Dam-, Rot-, Sika- und Davidshirsche – werden weltweit seit Jahrhunderten zur Fleischproduktion in landwirtschaftlichen Gehegen gehalten, wobei allein in Europa die Betriebsgrößen sehr unterschiedlich sind (siehe Tabelle auf Seite 12).

Unter den verschiedenen Hirscharten spielt Damwild in der Farmwildhaltung in Europa nach wie vor die größte Rolle. Nur in **Großbritannien** und **Irland** überwiegt das Rotwild. In Europa steht die Fleischproduktion im Mittelpunkt. Bei Rotwild spielt jedoch auch der gewinnträchtigere Verkauf bzw. Abschuss von Trophäenträgern eine bedeutende Rolle. Lediglich in **Ungarn** stellt die Gewinnung von Bastgeweih einen wichtigen Schwerpunkt in der Farmwildhaltung dar. Hier, wie auch in der **Slowakei** und in **Tschechien**, sind Jagdgehege weitverbreitet, die in **Polen** – einem der größten Wildexporteure der EU – gesetzlich verboten sind. Europaweit werden in 10.500 Betrieben rund 430.000 Tiere in landwirtschaftlichen Gehegen gehalten.

Der international bedeutendste Wildfleischexporteur mit dem größten Professionalisierungsgrad in Zucht, Produktion und Vermarktung ist **Neuseeland**. Interessant ist, dass der neuseeländische Bestand unter anderem auf ein Geschenk der Österreichisch-Ungarischen Monarchie an Neuseeland zurückgeht. Ende des 19. Jahrhunderts überließ Kaiser Franz Joseph Neuseeland 100 Rothirsche. Mittlerweile werden auf 2.800 Farmen 1,1 Mio. Tiere gehalten, wobei die durchschnittliche Gattergröße zwischen 500 und 1.000 Tieren beträgt. Diese setzen sich zu 85 % aus Rothirschen, zu 12 % aus Wapitis und zu 3 % aus Damhirschen zusam-

Wildhaltung in Europa – Dam- und Rotwild

Land	Anzahl der Betriebe	Anzahl der Tiere	Durchschnittliche Betriebsgröße (ha)
Benelux	70	3.300	6,7 ha
Dänemark	646	31.200	3,4 ha
Deutschland	4.474	103.660	1,7 ha
Frankreich	907	58.000	9,1 ha
Großbritannien	255	36.000	21 ha
Irland (inkl. Nordirland)	601	61.000	11,2 ha
Italien	406	24.000	10,8 ha
Norwegen	60	1.250	6 ha
Österreich	1.872	41.000	4,8 ha
Polen	10	2.200	32,5 ha
Portugal	62	1.300	5,4 ha
Schweden	572	25.800	8,5 ha
Schweiz	479	7.600	2,1 ha
Slowakei	7	2.000	42,9 ha
Spanien	10	4.000	57 ha
Tschechien	200	15.000	23,4 ha
Ungarn	5	1.100	30 ha

men. Damit verfügt Neuseeland über ca. 40 % der weltweit für die landwirtschaftliche Nutzung gehaltenen Wildtiere.

Einige Betriebe halten bis zu 10.000 Tiere. Mehr als 90 % des Fleisches werden exportiert, der größte Teil nach Europa. Jedes Jahr werden in etwa 20.000 t Wildfleisch exportiert. Davon werden mehr als 60 % nach Westeuropa geliefert. Hauptabnehmer ist Deutschland mit 49 % der jährlichen neuseeländischen Exportmenge, gefolgt von Belgien (8 %), Schweden (7 %) und Frankreich (6 %). Der gleichfalls gewonnene Bast wird in getrockneter Form vor allem nach Korea, Hongkong und zunehmend auch China und Taiwan geliefert. Die jährliche Transportmenge entspricht dabei 120 t. Die neuseeländische Wildhaltung erzielt aber auch mit der Verwertung von Bastgeweihen und Nebenprodukten, wie Leder, Wedel, Brunftrute, Sehnen und Blut, gute Zusatzerlöse. Die Wildhalter betreiben oft spezialisierte Farmen, die sich entweder der Zucht, der Bast- oder der Fleischproduktion widmen, die den Weltmarktpreis bestimmen und ein intensives Zuchtmanagement mit künstlicher Besamung, Embryotransfer, Fütterungsmanagement, Kreuzungsbesamungen (etwa auch zwischen Rotwild und Wapiti) sowie strengen Qualitätssicherungsprogrammen aufgebaut haben.

In **Australien** werden rund 200.000 Tiere in rund 1.200 Betrieben gehalten und ihr Fleisch wird zu 80 % exportiert. Wie auch in Neuseeland spielt dort die Bastgeweihgewinnung die wichtigste Rolle.

In den **Vereinigten Staaten** werden 250.000 Wildtiere (vorwiegend Wapiti, aber auch 38 % Damwild und 27 % Rotwild) landwirtschaftlich gehalten. Das „State Department for Fish and Wildlife" regelt für jeden Bundesstaat, welche Tiere gehalten werden dürfen. Auch in den USA steht die Erzeugung und Gewinnung von Bastgeweih im Mittelpunkt, wofür allein zwischen 120.000 und 180.000 Wapitis gehalten werden.

In **Kanada** wurden erst in den letzten Jahren die gesetzlichen Grundlagen für die Wildhaltung geschaffen. Hier spielen neben der Fleischerzeugung und Bastvermarktung vor allem der Trophäenabschuss und die künstliche Besamung mit Spitzen-Zuchthirschen eine große Rolle. Momentan gibt es ca. 2.400 Farmen mit einem Bestand von 155.000 Zuchttieren. Dabei spielt vor allem der Elch eine wesentliche Rolle, daneben werden Rotwild, Weißwedelhirsch, Damwild und in geringer Zahl auch Rentiere gehalten.

In **Russland** und den assoziierten **GUS-Staaten** werden ca. 400.000 Tiere, hauptsächlich Sikawild und Wapiti, gehalten. Auch in diesen Staaten ist die Bastgeweihgewinnung – sowohl für den Eigenbedarf wie auch für den koreanischen Markt – wichtig, das Fleisch wird nur für den lokalen Markt produziert.

China steht nach Neuseeland hinsichtlich der Anzahl an gefarmten Wildtieren an der zweiten Stelle. In der Volksrepublik werden mehr als 500.000 Tiere, zu 90 % Sikawild, in Gehegen unter stallartigen Bedingungen gehalten. Sehr stark beschäftigt sich China mit der künstlichen Besamung. Auch hier ist vor allem die Bastgeweihgewinnung von großer Bedeutung. Die Fleischgewinnung spielt nur eine nebensächliche Rolle, da Fleisch von Wildtieren in Asien als minderwertig gilt.

Korea ist neben Hongkong der wichtigste Markt für Bast und andere Wildnebenprodukte, die als medizinische Grundstoffe verwendet werden. Die Wildhaltung nimmt auch hier zu. Die Tiere werden auf kleinem Raum gehalten und intensiv mit energiereichem Futter ernährt.

Insgesamt werden in **Europa** in 10.000 Wildgehegen mehr als 410.000 Zuchttiere gehalten. Der Wildtierbestand besteht hierbei zu zwei Dritteln aus Damwild und zu einem Drittel aus Rotwild. Andere Wildtierarten, wie Mufflons und Wildschweine, spielen eine geringe Rolle. Die Flächen, auf denen Landwirte Wildtiere halten, sind durchschnittlich 4,6 ha groß. Zu den Ländern mit einer bedeutenden Wildhaltung zählen Deutschland, Österreich, Frankreich, Irland und Schweden. In Tschechien, der Slowakei und in Ungarn werden Hirscharten zusätzlich in großen Jagdgattern gehalten.

In den deutschsprachigen Ländern verteilen sich die landwirtschaftlichen Wildgehege regional sehr unterschiedlich. Es ist noch anzumerken, dass die Gewinnung und Vermarktung von Bastgeweih in Europa verboten ist.

Landwirtschaftliche Wildhaltung

Österreich

Landwirtschaftliche Wildhaltung wird in Österreich seit den 1970er-Jahren betrieben. Sie erlebte in den 1990ern durch rückläufige Produzentenpreise und steigende Hygieneauflagen eine gewisse Abnahme.

Die österreichische Landwirtschaft ist klein strukturiert, was sich auch in der mittleren Flächenausstattung der wildhaltenden Betriebe widerspiegelt: Ihre landwirtschaftlich genutzte Fläche beträgt im Durchschnitt 13,2 ha. Diese Betriebe werden zu drei Vierteln im Nebenerwerb geführt, lediglich in Vorarlberg und Kärnten liegt der Anteil der Vollerwerbsbetriebe höher. Der Anteil der Jäger an den Wildhaltern beträgt im Bundesdurchschnitt 57 %.

Die dominierende Wildart in der Gehegewild-Haltung ist das **Damwild** mit 72 %. Es folgt das Rotwild, das vor allem in Kärnten und den westlichen Bundesländern verstärkt gehalten wird, während die landwirtschaftlichen Schwarzwildgehege vorwiegend im Burgenland und in Salzburg liegen. Muffelwild findet sich anteilsmäßig am stärksten in Vorarlberg und ebenfalls in Salzburg, Sikawild dagegen am ehesten in Ober- und Niederösterreich – und wiederum in Salzburg.

In der Vermarktung überwiegt der **Ab-Hof-Verkauf** von Frischfleisch und Verarbeitungsprodukten, die fast zur Hälfte direkt an die Gastronomie gehen. Vereinzelt verkaufen Gehegebetreiber ihre Produkte auf Bauernmärkten und über Bauernecken in Geschäften. Eine Vermarktung über die gerade in Österreich dominierenden Handelsketten kommt praktisch nicht vor. Trotz der niedrigen Abnahmepreise wird allerdings immer noch ein großer Teil der jährlichen Gehegewildproduktion an den Wildhandel geliefert. Das Angebot sogenannter Convenience-Produkte ist derzeit noch sehr gering. Eine ebenso untergeordnete Rolle spielt die Lebendvermarktung als Trophäenträger oder Zuchttier.

Deutschland

In Bayern, das unter den deutschen Bundesländern die Spitzenstellung einnimmt, werden 80 % Damwild, 13 % Rotwild und 7 % andere Wildarten gehalten, in Gesamtdeutschland liegt der Damwildanteil bei über 90 %. Neuere Zahlen belegen eine Zunahme der Gehegewildhaltung in Deutschland. Im Bundesland Thüringen betrug die Anzahl der Gehege im Jahr 2004 bereits 232 und die der gehaltenen Damtiere 4.481.

In Deutschland werden in 6.000 Gehegen 60.000 Tiere (Dam- und Rotwild) und Nachzucht gehalten. Die am häufigsten gehaltene Wildart ist das Damwild mit über 90 %; 4 bis 6 % beträgt der Rotwildanteil. Daneben werden Mufflons und Sikahirsche sowie in geringer Zahl Wildschweine gehalten. Von den rund 6.000 Gattern befinden sich 2.324 in Bayern, gefolgt von rund 300 Gattern in Baden-Württemberg. In Niedersachsen werden in rund 900 Gehegen ca. 22.000 Hirsche gehalten, davon 80 % Damwild.

Die Wildtierhaltung hat in den letzten Jahrzehnten zugenommen; zahlreiche Betriebe sind vor allem in den neuen Bundesländern gegründet worden. Ein Grund dafür ist frei werdendes Grünland durch sinkende Viehbestände. In den neuen Bundesländern werden 20 bis 22 % des Grünlandes nicht mehr für die Futterbereitstellung für Vieh benötigt und stehen so einer alternativen landwirtschaftlichen Bewirtschaftung zur Verfügung. In Deutschland kommen jedes Jahr 1.500 t Wildfleisch aus Gattern auf den Markt. Weitere 30.000 t stammen aus der Jagd. Der Rest wird haupt-

Landwirtschaftliche Wildhaltung in Österreich

Bundesland	Wildhalter (Stück)	Gehegefläche gesamt	Durchschn. Gehegefläche	Gehegewild (Stück)	Damwild (%)
Burgenland	82	441 ha	2,9 ha	777	85 %
Kärnten	191	2.064 ha	8,2 ha	6.709	70 %
Niederösterreich	370	2.704 ha	5,4 ha	9.956	81 %
Oberösterreich	581	3.402 ha	3,7 ha	10.942	77 %
Salzburg	82	717 ha	5,7 ha	1.264	68 %
Steiermark	460	2.953 ha	4,6 ha	9.943	68 %
Tirol	71	586 ha	5,4 ha	1.062	75 %
Vorarlberg	35	340 ha	3,0 ha	537	-
Österreich gesamt	**1.872**	**12.959 ha**	**4,8 ha**	**41.190**	**72 %**

Landwirtschaftliche Wildhaltung in Deutschland

Bundesland	Anzahl der Gehege	Anzahl der Muttertiere	Gehegefläche
Baden-Württemberg	300	5.100	1.000 ha
Bayern	2.324	52.800	5.770 ha
Brandenburg/Mecklenburg-Vorpommern	100	3.700	700 ha
Hessen/Rheinland-Pfalz	480	13.500	1.500 ha
Niedersachsen	871	13.000	1.300 ha
Nordrhein-Westfalen	1.100	16.500	2.000 ha
Saarland	51	1.120	250 ha
Sachsen	250	4.000	1.000 ha
Sachsen-Anhalt	80	1.750	350 ha
Schleswig-Holstein	130	2.480	260 ha
Thüringen	143	3.150	658 ha
Deutschland gesamt	**5.839**	**117.100**	**14.788 ha**

sächlich aus Neuseeland und osteuropäischen Ländern importiert.

Schweiz

Die Hirschhaltung in der Schweiz hat einen enormen Aufschwung erlebt, die Bestände haben sich faktisch verdoppelt. Neueste Zahlen belegen, dass etwa 850 Hirschhaltungen in der Schweiz existieren, von kleinen Parkanlagen bis zu landwirtschaftlich genutzten Gehegen bis über 10 ha. Jährlich beginnen weitere zehn bis 15 Betriebe in der gesamten Schweiz, allerdings ist die Tendenz eher abflachend, sodass wohl nie mehr als 1.100 Betriebe in der Schweiz Hirschhaltung betreiben werden. Die Anzahl der gehaltenen Tiere schwankt zwischen

13.000 und 15.000 Muttertieren. Die allgemeine Tendenz geht auch in der Schweiz zu größeren, aber noch überschaubaren Gehegen, die mittlere Größe der landwirtschaftlich genutzten Gatter liegt bei 2,5–3 ha.

Wildtier, Haustier oder Nutztier?

Damwild hatte und hat viele verschiedene Bezeichnungen. Fanden sich früher Namen wie Dännhirsch, Thanhirsch, Danhirsch, Dähel, Dämling, Dandl oder Dammen, so kommt es heute darauf an, wie Damwild gesehen wird: als in „freier Wildbahn" lebendes Jagdwild oder als Gehege- bzw. Farmwild, also ganzjährig im landwirtschaftlichen Gehege gehaltene, mehr oder weniger gezähmte Wildtiere. So zählt das österreichische Tierschutzgesetz „Wildtiere, die zur Gewinnung tierischer Erzeugnisse (z. B. Nahrungsmittel, Wolle, Häute, Felle, Leder) oder zu anderen land- und forstwirtschaftlichen Zwecken gehalten werden", zu den landwirtschaftlichen Nutztieren und nimmt sie ausdrücklich vom Geltungsbereich der Jagd aus. Auch im deutschen Steuerrecht wird Damwild in Gehegehaltung zum Nutzvieh gezählt.

Die sprachliche Unsicherheit, ob es sich bei der Gehege- bzw. Farmwildhaltung um Landwirtschaft oder Jagd handelt, spiegelt sich in vielen Begriffen wider. Darf noch von Dam„wild" gesprochen werden oder ist die korrekte Bezeichnung Dam„tier"? Leben die Tiere in einem „Gehege", einem „Gatter" oder auf einer „Weide"? Heißt der Produktionszweig „Hirschengehege", „Fleischproduktionsgatter", „Wildgatter", „Zuchtwildgehege", „bäuerliches Gehege" oder „Farmwildhaltung"? Besonders der Kurzbegriff „Farmwild" setzt sich in der europäischen Gesetzgebung und Verwaltung immer mehr durch, wogegen sich viele deutschsprachige Halter vehement wehren. Sie betrachten Farmwildhaltung als intensive Haltungsform von großen Beständen auf relativ kleinen Flächen, während hierzulande die Gehegewildhaltung von kleinstrukturierten, bäuerlichen Betrieben auf großflächigen Ganzjahresweiden mit geringem Tierbesatz praktiziert wird.

Wir haben einen pragmatischen Zugang gewählt und verwenden in diesem Buch wertungsfrei sowohl die jagdlichen als auch die verschiedenen agrarischen Bezeichnungen.

Domestikation

Die Domestikation ist ein Evolutionsprozess, der Wildtiere zu Haustieren macht. Von einem Haustier zu sprechen, würde im Allgemeinen aber wohl zu weit gehen. Damwild wird zwar schon seit mehreren Tausend Jahren vom Menschen gehalten, wurde bislang aber kaum domestiziert, also auf bestimmte Merkmale und Leistungen hin gezielt gezüchtet. Die aktuellen Trends in der intensiven Farmwildhaltung in Neuseeland, wo mittels Blutlinienzucht, Embryonentransfer u. a. Hochleistungszucht betrieben wird, können aber durchaus dazu führen, dass Rotwild in naher Zukunft als Haustier zu betrachten ist.

In Deutschland wird seit 1980 an der Lehr- und Versuchsanstalt für Viehhaltung, Hofgut Neumühle, Europäisches Damwild in einem Zuchtprogramm konsequent selektiert, sodass auch bereits von einer eigenen Nutztier-Rasse, den **„Neumühle-Riswicker Damhirschen"** gesprochen wird. Aus der Familie der Hirsche ist das neben dem Rentier die erste domestizierte Rasse. Im Vergleich mit dem Europäischen Damwild werden die Neumühle-Riswicker als weniger schreckhaft und leichter handhabbar

Ein Rudel „Neumühle-Riswicker Damhirsche" – sie sind weniger schreckhaft und leichter handhabbar.

beschrieben. Die Zucht erfolgt neben den Domestikationsmerkmalen Farbe und Verhalten anhand des Leistungsmerkmales Gewicht: In 25 Jahren Zucht wurden Fleischleistung und Gewichtsentwicklung deutlich verbessert. Auch der Deckungsbeitrag konnte von 22 auf 40 Euro pro Arbeitskraftstunde gesteigert werden. Eine Nebenwirkung der Domestikation ist die Verminderung der Gehirngröße und der Sinnesleistungen. Neumühle-Riswicker haben ein um 14 % kleineres Gehirn als Europäische Damhirsche. Das ist eine Folge der geringeren Nebennierenrindentätigkeit zur Produktion von Stresshormonen. Die neue Rasse ist auch durch eine etwas andere Fellfärbung gekennzeichnet. Ihre regionalen Schwerpunkte liegen in Rheinland-Pfalz und Nordrhein-Westfalen, seit 2004 gibt es die ersten Tiere in Österreich. Der Gesamtbestand betrug Ende 2004 ca. 300 Tiere.

Weidmannssprache

Die Jägersprache oder Weidmannssprache ist keine eigentliche Sprache, sondern setzt sich aus ca. 3.000 gebräuchlichen und weiteren ca. 10.000 Fachwörtern aus dem jagdlichen Brauchtum zusammen. Sie zählt zu den ältesten Fach- und Standessprachen. Die Ausdrücke sind oft auch in die Umgangssprache übernommen worden (z. B. „jemandem eins hinter die Löffel geben"). Zu unterscheiden ist die Jägersprache vom Jägerlatein, unter Letzterem versteht man von Jägern erzählte, übertriebene Erlebnisgeschichten.

Wildgehege werden von Jägern an sich als ihr Revier betrachtet. Jagdgatter und Wintergatter, in denen jagdliches Rotwild von Oktober bis Mai gehalten wird, fallen in Österreich im Gegensatz zu landwirtschaftlichen Wildgehegen unter das Jagdrecht – der Großteil der in diesem Buch angeführten gesetzlichen Regelungen gilt für sie nicht. Da speziell Damwild vorwiegend landwirtschaftlich genutzt wird – was manche leidenschaftliche Jäger auch als die „Verhausschweinung des freien Wildes" betrachten –, werden in der Praxis sowohl jagdliche als auch landwirtschaftliche Begriffe verwendet. Für den Nichtjäger sind hier die für Damwildhalter wichtigsten Begriffe aus der Weidmannssprache „übersetzt":

Aalstrich	Dunkler Strich am Rücken
Abbrunften	Brunftunwillig, körperlich geschwächt
Abfallen	An Körpergewicht abnehmen, mager werden
Abwerfen	Abstoßen des Geweihs
Alttier	Weibliches Wild nach dem ersten Setzen
Anfliehen	Gegen ein Hindernis prallen
Anschweißen	Durch einen Schuss verwunden
Ansitz	Beobachtungskanzel, oft ein Hochsitz
Ansprechen	Wild erkennen; Alter, Geschlecht und Gesundheitszustand feststellen
Äsen	Nahrungsaufnahme, Fressen, Beweiden
Äser	Mund, Maul
Äsung	Nahrung
Aufbrechen	Innereien und Eingeweide aus erlegtem Wild entfernen
Aufbruch	Aus dem Wildkörper entfernte Eingeweide
Aufsetzen	Schieben und Tragen eines neuen Geweihs
Aufsitzen	Weibliches Wild wird vom Hirsch bestiegen
Aufwerfen	Das Haupt plötzlich heben
Äugen	Sehen
Augsprosse	Unterstes Ende des Geweihs
Aushalten	Annäherung eines Menschen zulassen, ohne zu flüchten
Auslage	Weite des Geweihs
Austreten	Verlassen der Deckung
Ausschuss	Stelle, an der das Geschoss den Wildkörper verlassen hat
Auswechseln	Verlassen des Standorts bzw. Reviers

Ausweiden	Entfernen des Gescheides
Aus der Decke schlagen	Enthäuten
Bast	Behaarte, durchblutete Haut um das Geweih während des Wachstums
Beihirsch	Schwächerer Hirsch
Beschlagen	Begattungsakt; trächtig sein
Blatt	Schulter des Wildes
Bruch	Abgebrochener grüner Zweig als Verständigungszeichen und Symbol
Brunft	Begattungszeit
Brunftkugeln	Hoden
Brunftkuhle	Ruheplatz des Hirsches während der Brunft
Brunftrute	Penis
Decke	Haut, Fell
Doppelkopf	Abnormes Geweih aus nicht abgeworfenen und neuen Stangen
Drossel	Luftröhre
Einstand	Deckung, z. B. hohe Gräser, Busch- oder Baumbestände
Ende	Sprosse am Geweih
Fallwild	Verendetes Wild
Fangschuss	Schuss auf verletztes Wild, um es endgültig zu töten
Fegen	Geweih durch Reiben an Ästen vom Bast befreien
Feist	Fett des Schalenwildes
Feisthirsch	(Gut genährter) Hirsch im Sommer
Feuchtblatt	Weibliches Geschlechtsteil
Flehmen	Hochziehen der Oberlippe
Fiepen	Kontakt- und Locklaut des Damkalbes
Forkeln	Mit dem Geweih verletzen
Gelt	Weibliches Tier, das keine Jungen hat
Geräusch	Brustorgane, Eingeweide (Herz, Lunge, Leber und Nieren)
Gescheide	Bauchorgane, Innereien (Darmtrakt = kleines Gescheide; Magen = großes Gescheide)
Haupt	Kopf
Hirsch	Männliches Tier
Hochwild	Wild, das früher nur vom Hochadel gejagt werden durfte
Jägerrecht	Trophäe und Innereien des erlegten Wildes
Kahlwild	Weibliches Wild einschließlich der Kälber (geweihlos, kahl)
Kalb	Nachwuchs im ersten Lebensjahr
Kapital	Besonders gut entwickelter Hirsch mit großem Geweih
Keule	Schlögel
Kirren	Auslegen von Lockfutter (Obst, Getreide) zum Anlocken des Wildes
Klagen	Angst- oder Schmerzlaute
Klatschen	Schlag mit dem Wedel auf das Weidloch, wenn das Wild verfehlt wurde
Klemmen	Pressen des Wedels auf das Weidloch, wenn das Wild getroffen wurde

Kümmerer	Kränkliche Tiere in schlechter körperlicher Verfassung
Kurzwildbret	Geschlechtsteile des Hirsches
Lauf	Fuß
Lauscher	Ohren
Lecker	Zunge
Licht	Auge
Losung	Kot
Mahnen	Lautäußerung des weiblichen Wildes
Melden	Brunftschrei des Hirsches
Mönch	Dauernd geweihloser Hirsch
Nässen	Urinieren
Orgeln	Schreie des Rothirsches in der Brunft
Pinsel	Längeres Haarbüschel am Penis
Platzhirsch	Stärkster Hirsch, der einen Brunftplatz/eine Herde im Gehege beherrscht
Röhren	Lautäußerung des Rothirsches während der Brunft
Rose	Kranzförmiger Sockel des Geweihs
Rosenstock	Stirnzapfen
Schalen	Hufe
Schaufel	Geweih des Damhirsches
Schälen	Abäsen der Rinde von Bäumen
Schieben	Wachstumsphase des Geweihs
Schlegeln	Letztes Bewegen der Läufe
Schlund	Speiseröhre
Schmaltier	Weibliches Tier im zweiten Lebensjahr
Schneider	Geringer Hirsch mit schwach entwickeltem Geweih
Schöpfen	Trinken
Schrecken	Bellender Warnlaut bei Störung
Schweiß	Aus dem Körper ausgetretenes Blut
Setzen	Gebären
Sichern	Sorgfältige Beobachtung der Umgebung
Spiegel	Helle Haare um den After
Spinne	Gesäuge
Sprosse	Ende am Geweih
Strecke	Summe des erlegten Wildes
Suhle	Schlammiger Wassertümpel
Sulze	Salzlecke
Tier	Weibliches Tier ab dem zweiten Lebensjahr; auch: Herde insgesamt
Träger	Hals
Ungerade	Geweih des Rothirsches mit ungleicher Zahl an Enden
Verblenden	Einen Sichtschutz herstellen
Verbrechen	Eine Stelle durch ein Bruchzeichen kennzeichnen
Verfärben	Änderung der Haarfarbe mit dem Haarwechsel im Frühjahr und Herbst

Vergrämen	Stören
Verhoffen	Zum Sichern stehen bleiben
Vernehmen	Wahrnehmen von Geräuschen und Lauten durch das Wild
Wand	Rippen
Wechsel	Stark begangener Pfad
Wedel	Schwanz
Weichschuss	Schuss, der nur Baucheingeweide verletzt
Weiddarm	Mastdarm
Weidloch	After
Weidsack	Magen, Pansen
Weidwund	Verletzt
Wildbret	Fleisch von jagdbaren Wildtieren
Winden	Durch Geruchssinn orientieren
Windfang	Nase
Wundbett	Ort, an dem sich krankes oder verletztes Wild niedergelegt hat
Zeichnen	Reaktion des Wildes auf einen Schusstreffer
Zerwirken	Zerlegen des Schlachtkörpers in seine Einzelteile
Ziehen	Normale ruhige Fortbewegung
Ziemer	Rücken
Zwangswechsel	Wechsel, den das Wild benutzen muss

Rechtliche Bestimmungen
für die Gehegehaltung

Die landwirtschaftliche Wildtierhaltung ist von der Gehegeanlage über die Tierhaltung bis zur Fleischverarbeitung gesetzlich sehr genau geregelt. Für den Gehegebetreiber ist es zwar mitunter lästig, die Vielzahl an Vorschriften und Fristen zu beachten, andererseits bieten die hohen und laufend kontrollierten Standards für Tiergerechtheit und Lebensmittelhygiene durchaus einen Qualitätsvorteil und ein Werbeargument in der Vermarktung.

Tipp!

Die gesetzlichen Bestimmungen ändern sich laufend. Wir raten dazu, sich bei den zuständigen Behörden oder den Interessensverbänden nach dem gültigen Rechtsstand zu erkundigen.

Österreich

Seit 01. 01. 2005 ist die landwirtschaftliche Wildhaltung in Österreich durch das Tierschutzgesetz grundsätzlich bundeseinheitlich geregelt. Dennoch gibt es länderweise vor allem durch die Jagdgesetze Unterschiede, die verfassungsrechtlich nicht unbedenklich sind.

Gehegeerrichtung

Die wesentlichen Bestimmungen für die Errichtung eines landwirtschaftlichen Wildgeheges finden sich im **Tierschutzgesetz**. Da es aus Tiergerechtheitsgründen ratsam ist, Waldgrundstücke als Sicht- und Witterungsschutz miteinzubeziehen, sind auch die Rodungsbestimmungen des **Forstgesetzes** zu beachten. Im Forstrecht bedeutet „Rodung" jedoch nicht nur die Entfernung von Bäumen, sondern umfasst jede Verwendung von Waldboden zu anderen Zwecken als der Holzproduktion. Das Forstgesetz spricht also auch dann von einer Rodung, wenn kein einziger Baum gefällt wird. Wald sind alle mindestens 1.000 m^2 großen Flächen mit einer durchschnittlichen Breite von 10 m, die zu mindestens 30 % von Bäumen überschirmt sind. Soll nur eine kleine Waldfläche (unter 1.000 m^2) als Deckung für das Wild miteingezäunt werden, genügt eine Anmeldung bei der Bezirkshauptmannschaft, ansonsten ist eine Genehmigung zu beantragen. Die Anmeldung bzw. der Antrag auf Genehmigung der Rodung sowie allenfalls erforderliche Genehmigungen nach den **Naturschutzgesetzen** der Bundesländer erfolgen am besten mit der Anzeige nach dem Tierschutzgesetz und sind an die zuständige Bezirkshauptmannschaft zu richten. In den Bundesländern, deren **Jagdgesetze** Bestimmungen über die landwirtschaftliche Wildhaltung festlegen – das sind Wien, Niederösterreich, Oberösterreich, Salzburg, Kärnten, Burgenland –, sind diese von der Bezirkshauptmannschaft zu bewilligen (in Kärnten der Landesregierung anzuzeigen).

Tierhaltung

Am 01. 01. 2005 trat das **Tierschutzgesetz** in Kraft, das erstmals bundeseinheitliche Regelungen für ganz Österreich vorsieht. Bis dahin war Tierschutz gemäß der österreichischen Bundesverfassung Sache der einzelnen Bundesländer. Das bedeutete in der Praxis sehr unterschiedliche Gesetze für die Tierhaltung, ein Umstand, mit dem nun endlich Schluss ist. Im Tierschutzgesetz selbst sind jedoch nur die wesentlichen Grundbestimmungen betreffend den Tierschutz geregelt. Genauer geregelt sind die Mindestanforderungen für die Haltung von Schalenwild und die Sachkunde der Betreuungspersonen in der vom Gesundheitsministerium erlassenen **1. Tierhaltungsverordnung**.

Für alle landwirtschaftlichen Wildgehege ist nunmehr binnen zwei Wochen eine Anmeldung bei der jeweils zuständigen Bezirkshauptmannschaft erforderlich. Diese Anzeige muss Namen und Anschrift des Halters, Art und Höchstzahl der gehaltenen Tiere und den Ort des Geheges enthalten. Weiters enthält das Tierschutzgesetz ein Verbot des Eingriffes in das phänotypische Erscheinungsbild. Darunter fällt auch die Geweihentfernung, die ausnahmsweise nur dann zulässig ist, wenn dieser Eingriff zur vorgesehenen Nutzung des Tieres, zu dessen Schutz oder zum Schutz anderer Tiere unerlässlich ist. Die fachliche Eignung zur Wildhaltung besitzt, wer eine einschlägige Ausbildung oder Praxis nachweist.

Tierquälerisches Verhalten – Misshandeln, Quälen, Aussetzen – ist nach § 222 des **Strafgesetzbuches** verboten und kann mit einer Freiheitsstrafe bis zu einem Jahr bestraft werden.

Exotische Hirscharten werden in Mitteleuropa derzeit nicht als Farmwild, sondern vorwiegend in Zoos gehalten. Da uns jedoch immer wieder auch Fragen zur Haltung von Rentieren und ähnlichen Tieren gestellt wurden, hier der Hinweis auf die **2. Tierhaltungsverordnung**. In dieser werden Mindestanforderungen für Wirbeltiere, die zur Haltung in menschlicher Obhut geeignet sind, festgelegt sowie solche Wildtiere, die besondere Anforderungen an die Haltung stellen, und solche Wildtierarten, deren

In Anlage 8 der 1. Tierhaltungsverordnung sind die Haltungsanforderungen für Gehege angeführt:

1. *Eine Zuchtgruppe muss zumindest aus einem Hirsch und drei weiblichen Tieren bestehen.*
2. *Es ist sicherzustellen, dass sich die Tiere nicht am Zaun verletzen und dieser keine spitzen Ecken oder Trichter aufweist. Die Verwendung von Stacheldraht ist verboten. Der Boden muss trocken sein und steinige Flächen aufweisen, für Rotwild ist eine Suhle anzulegen. Ist das Gehege nicht mindestens zu 5 % mit Sträuchern oder Bäumen bewachsen, muss ein überdachter Witterungsschutz mit mindestens zwei Seitenwänden errichtet werden. Fütterungen müssen überdacht sein.*
3. *Durch richtige Besatzdichte und Fütterung ist die Erhaltung der Bodenvegetation sicherzustellen. Die Mindestgehegegröße beträgt beim Damwild 1 ha (Rotwild: 2 ha), die maximale Besatzdichte 20 adulte Tiere pro ha (Rotwild: 10) und der Witterungsschutz muss eine Mindestfläche von 2 m² pro adultem Tier (Rotwild: 4) aufweisen, wobei zwei Tiere bis 18 Monate einem erwachsenen Tier entsprechen.*
4. *Jedes einzelne Tier muss immer mit ausreichend artgerechter Nahrung und Wasser versorgt sein, erforderlichenfalls ist eine Tränke einzurichten.*
5. *Ein Gehegebuch ist zu führen, in dem Zu- und Abgänge, Behandlungen und Befunde, Todesfälle und sonstige Vorfälle aufzuzeichnen und fünf Jahre aufzubewahren sind.*

Auszug aus der 1. Tierhaltungsverordnung

Tierart	Mindestgehegegröße	maximale Besatzdichte	Mindestfläche Witterungsschutz
Rotwild, Davidshirsche	2,00 ha	10 adulte Tiere *1)/ha	4,00 m²/adultes Tier *1)
Damwild, Sikawild	1,00 ha	20 adulte Tiere *1)/ha	2,00 m²/adultes Tier *1)
Muffelwild	1,00 ha	15 adulte Tiere *2)/ha	1,50 m²/adultes Tier *2)
Schwarzwild	2,00 ha	5 adulte Tiere *3)/ha	5,00 m²/adultes Tier *3)

*1) 2 Tiere bis 18 Monate entsprechen 1 erwachsenen Tier *2) 3 Tiere bis 12 Monate entsprechen 1 erwachsenen Tier
*3) Frischlinge bis 6 Monate nicht zu berücksichtigen

Haltung aus Tierschutzgründen verboten ist, vorgegeben. Gehege mit bis höchstens fünf Tieren haben die Maße, wie aus nebenstehender Tabelle ersichtlich, aufzuweisen.

Für alle Hirscharten sind Unterstände zum Schutz gegen Witterungsverhältnisse, wie Regen, Schnee, Wind, Sonneneinstrahlung und Hitze, einzurichten, sodass alle Tiere gleichzeitig bei Bedarf Unterschlupf finden können. Tropischen Arten, wie z. B. dem Leierhirsch oder dem Vietnam-Sika, ist ein beheizter Stall mit einem Mindestausmaß von 4 m² pro weiblichem Tier und mit einer Mindesttemperatur von 10 °C, der wahlweise aufgesucht werden kann, anzubieten.

Außengehege müssen mit Naturboden und befestigtem Untergrund an den Futterstellen ausgestattet sein. Unterstände oder Innengehege müssen festen Untergrund und Einstreu aufweisen. Große Gehege sind mit Raumteilern, wie Pflanzeninseln, Baumschutzringen, Erdhügeln o. Ä., zu versehen. Für Kleinhirsche sind

Gehegegrößen

Arten	Außenanlage* in Zoos	Außenanlage* sonstige Haltung	Bemerkung
Kleinhirsche, wie Wasserreh (*Hydropotes inermis*), Moschustier (*Moschus moschiferus*), Muntjak (*Muntiacus muntjak*), Schopfhirsch (*Elaphodus cephalophus*), Schweinshirsch (*Axis porcinus*)	120 m²		Außengehege ganzjährig zugängig
Mittelgroße Arten, wie Weißwedel- (*Odocoileus virginianus*) und Maultierhirsch (*Odocoileus hemionus*), Axis (*Axis axis*), Pferdehirsch (*Cervus unicolor*), Leierhirsch (*Cervus eldi*), Sumpfhirsch (*Odocoileus dichotomus*), Pampashirsch (*Odocoileus bezoarticus*), Rentier (*Rangifer tarandus*)	500 m²	5.000 m² in extensiver Haltung	
Große Arten, wie Rothirsch (*Cervus elaphus*), Wapiti (*Cervus canadensis*), Weißlippenhirsch (*Cervus albirostris*), Barasingha (*Cervus duvauceli*), Elch (*Alces alces*)	800 m²	10.000 m² in extensiver Haltung	

* (Mindestmaße) (bis höchstens 5 adulte Tiere, jedes weitere adulte Tier zusätzlich 10 % der Fläche)

Versteckmöglichkeiten einzurichten. Außerdem ist eine Suhle notwendig. Trennmöglichkeiten für männliche Tiere in der Brunft sind vorzusehen.

Den Tieren ist Heu ad libitum anzubieten. Die Gabe von Laub, Zweigen und Nadelbäumen ist ganzjährig bei allen Arten notwendig. Grünfutter beziehungsweise Heu, Kraftfutter auf Getreidebasis, Obst und Gemüse nach Saison und Salzlecksteine sind anzubieten. Kleinhirschen, wie Schopfhirschen, sind auch kleinere Mengen an tierischem Eiweiß zu füttern.

Entwichenes Wild

Entweicht ein Tier aus dem Gehege, so gibt **§ 384 ABGB** dem Eigentümer das Recht, „zahme oder zahm gemachte Tiere" auch auf fremdem Grund zu verfolgen. Es ist ratsam, unverzüglich den Jagdausübungsberechtigten zu verständigen. Danach hat man 42 Tage Zeit, das Wild einzufangen. Erst nach Ablauf dieser Frist kann „jedermann" bzw. der jeweilige Grundeigentümer oder Jagdberechtigte das Wild erlegen oder fangen und behalten.

Für Schäden, die das entkommene Wild anrichtet, haftet zunächst der Besitzer. Allerdings meint **§ 1320 ABGB**, dass derjenige für den Schaden verantwortlich ist, der das Wild angetrieben, gereizt oder zu verwahren vernachlässigt hat. Somit besteht die Möglichkeit eines Entlastungsbeweises, wenn der Halter für die erforderliche Verwahrung oder Beaufsichtigung gesorgt hatte.

Narkose/Entwurmung

Narkosepistolen und -gewehre, also CO_2- oder luftbetriebene Kaltgasprojektoren sowie mit Treibladungen betriebene Heißgasprojektoren, gelten nach dem **Waffengesetz** als Waffen und sind bis Kaliber 6 mm melde- und genehmigungsfrei; das Führen ist waffenpassfrei. Narkosewaffen über 6 mm Kaliber mit gezogenen Läufen sind binnen vier Wochen meldepflichtig und erfordern beim Führen einen Waffenpass oder eine Waffenbesitzkarte. Eine Meldung erfolgt üblicherweise gleich beim Händler, der dann auch eine Bestätigung nach § 30 Waffengesetz ausstellt.

Die Anwendung von Tierarzneimitteln – zu denen Narkosemittel ebenso wie Entwurmungspräparate gehören – ist nach dem **Tierärztegesetz** grundsätzlich nur dieser Berufsgruppe erlaubt. Nach dem **Tierarzneimittelkontrollgesetz** dürfen bestimmte Tierarzneimittel von besonders qualifizierten Tierhaltern unter strikter Beachtung der in der **Tiergesundheitsdienst-Verordnung** angeführten Sorgfaltspflichten selbst angewendet werden. So darf ein Tierarzt ein in Österreich zugelassenes Narkosemittel dann gegen Abgabeschein einem Tierhalter geben, wenn dieser Mitglied eines Tiergesundheitsdienstes ist und eine Sachkundeprüfung abgelegt hat. Nach der Anwendung ist eine Wartezeit von mindestens 28 Tagen (bei biologischer Wirtschaftsweise: 56 Tage) einzuhalten, bevor behandelte Tiere zur Fleischgewinnung erlegt werden. Arzneimittelreste und Leergebinde sind dem Tierarzt nachweislich zurückzugeben. Über die Anwendung und Rückgabe haben sowohl der Betreuungstierarzt als auch der Tierhalter genau Buch zu führen und diese Unterlagen mindestens fünf Jahre lang aufzubewahren.

Tierseuchen

Bisher blieb die Gehegewildhaltung von Tierseuchen und Lebensmittelskandalen verschont. Aufgrund der artgerechten und extensiven Haltungsform erscheint das auch weiterhin gewährleistet. Dennoch treffen die Gehegehalter auch hier Sorgfaltspflichten. So ist etwa vom Import von Zuchttieren aus Amerika abzuraten, da hier ein gewisses Risiko einer CWD-Erkrankung, die der Rinderseuche BSE ähnelt, bestehen kann. Es können aber auch hausgemachte Probleme auftreten, weil Krankheiten, wie Maul- und Klauenseuche, Tuberkulose u. Ä., vom Rind auf das Wild übertragen werden könnten. Das ist bisher nicht vorgekommen, und damit das so bleibt, sieht das **Tierseuchengesetz** eine Anzeigepflicht vor. Das Verbot der Verfütterung von Küchenabfällen und Speiseresten dient ebenfalls der Krankheitsvorbeugung.

Tötung

Gehegewild darf – im Gegensatz zu Jagdwild – nach den tierschutzrechtlichen Bestimmungen das ganze Jahr über erlegt werden. Nach der **Tierschutz-Schlachtverordnung** müssen die Tiere dabei „von ungerechtfertigten Schmerzen, Leiden, Schäden und schwerer Angst verschont bleiben". Besondere Anforderungen gelten beim Pistolen-, Revolver- oder Gewehrschuss, der nach Genehmigung durch die Bezirkshauptmannschaft als Tötungsmethode für großes Zuchtwild und Hirsche vorgesehen ist. Im Anhang I sind zudem Ausbildungserfordernisse festgelegt: Wer eine Abschlussprüfung als Fleischer oder einer Landwirtschaftsschule bestanden hat, ist demnach für die Ruhigstellung, Betäubung, Schlachtung und Tötung von Tieren qualifiziert.

In einzelnen Bundesländern legen Jagdgesetze Beschränkungen bei der Tötung, wie ein Verbot der Verwendung von Jagdwaffen, ein Verbot des Abschussverkaufes o. Ä., fest. Diese Bestimmungen stehen jedoch im Widerspruch zum Tierschutzgesetz.

Erwerb, Besitz und Führen von Schusswaffen, wie Faustfeuerwaffen und Repetierflinten, erfordern eine Genehmigung nach dem **Waffengesetz**, den Waffenpass. Wer eine derartige Waffe nur erwerben, besitzen und auf eingefriedeten Liegenschaften verwenden (= führen) möchte, benötigt hingegen nur eine Waffenbesitzkarte. Auch mit dieser eingeschränkten Berechtigung ist es gestattet, eine ungeladene Schusswaffe ausschließlich in einem geschlossenen Behältnis von einem Ort zum anderen zu transportieren. Vor Erteilung dieser Genehmigungen führt die Bezirkshauptmannschaft als zuständige Behörde eine Verlässlichkeitsprüfung durch. Die Behörde kann Personen, die älter als 18 Jahre sind, eine Waffenbesitzkarte ausstellen, wenn sie eine berufliche Notwendigkeit nachweisen. Personen aus dem Europäischen Wirtschaftsraum, die älter als 21 Jahre sind, haben ein Anrecht auf Ausstellung einer Waffenbesitzkarte, wenn sie Rechtfertigung und Bedarf nachweisen und ihre Verlässlichkeit gegeben ist. Im Waffenpass und der Waffenbesitzkarte ist die Anzahl der erlaubten Waffen (grundsätzlich zwei Stück) festzusetzen. Für Jäger gibt es hier rechtliche Erleichterungen, sie benötigen keinen Waffenpass bzw. keine Waffenbesitzkarte.

Ausweiden

Betäuben und Entbluten dürfen mit Bewilligung der Bezirkshauptmannschaft direkt am Betrieb stattfinden. Dabei ist unter anderem sicherzustellen, dass die Betäubung in artgerechter Weise und das Entbluten an einem hygienisch unbedenklichen Ort erfolgt. Danach ist der Schlachtkörper unverzüglich in einen Schlachtbetrieb zu transportieren. Werden mehrere Tierkörper transportiert, müssen sie hängend befördert werden. Dauert der Transport länger als eine Stunde, muss auf 0 bis 4 °C gekühlt werden. Das Ausweiden im Schlachtbetrieb muss sodann innerhalb von drei Stunden nach der Betäubung erfolgen – nach derzeitiger Rechtslage im geeigneten Schlachtraum, künftig aber unter hygienischen Bedingungen auch im Freien.

Beschau

Nach der Fleischuntersuchungsverordnung 2006 darf in Farmwildbetrieben, die dem Tiergesundheitsdienst angehören, die Schlachttieruntersuchung mit Bewilligung des Landeshauptmannes durch eine Kontrolle durch den Tierhalter ersetzt werden, sofern die Herde in den letzten 28 Tagen vor der Schlachtung von einem Amts- oder Betreuungstierarzt untersucht wurde und dabei kein Hinweis auf eine mögliche Genussuntauglichkeit festgestellt wurde. Weiters darf der Betrieb keiner tierseuchenrechtlichen Sperre unterliegen und muss der Tierhalter für diese Aufgabe nachweislich geschult sein. Trotzdem hat die amtliche Fleischuntersuchung spätestens drei Stunden nach dem Schlachten stattzufinden, ein Umstand, auf den EU-Kontrollore besonders Wert legen. Über die Schlachttieruntersuchungen sind auch vom Tierhalter entsprechende Aufzeichnungen zu führen.

Nicht verpflichtend ist eine Untersuchung bei Tieren, die zum Eigenverbrauch durch den Tierhalter und seine Betriebs- bzw. im selben Haushalt lebenden Familienangehörigen bestimmt sind. Schlachtungen für den Eigenbedarf des Wildhalters sind von der Untersuchung aber nur dann ausgenommen, wenn die Schlachtung nicht in gewerblichen oder industriellen Räumen und nicht gemeinsam mit anderen Tieren, die der Schlachttier- und Fleischuntersuchung unterliegen, erfolgt, wenn das Fleisch dieser Tiere nicht mit Fleisch, das in Verkehr gebracht wird, bearbeitet oder gelagert wird und beim Tier kein Seuchenverdacht gegeben ist, wenn das Tier keine Krankheitserscheinungen zeigt, die einen Einfluss auf die Verwendbarkeit als Lebensmittel haben, und wenn kein Verdacht auf höhere als erlaubte Rückstände gegeben ist.

Die Schlachttieruntersuchung erfolgt üblicherweise als Herdenuntersuchung, die in Betrieben mit geringer Produktion bis zu sieben

Tage vor der Schlachtung durchgeführt werden kann. Rasch nach der Tötung wird das Tier entweidet, d. h., die Bauch-, Brust- und Beckeneingeweide werden herausgenommen. Herz, Lunge, Luftröhre und Schlund müssen bis zur Fleischbeschau zusammenbleiben und sind ebenso wie der enthäutete Schlachtkörper kühl zu lagern. Der Tierarzt beurteilt dann das Fleisch sowie die Organe und kennzeichnet das Fleisch mit einem amtlichen Stempel.

Im Gegensatz zu anderen Tieren ist Zuchtwild vom Schlachthauszwang ausgenommen. Jedoch ist nach der Lebensmittel-Zulassungsverordnung beim Landeshauptmann eine Zulassungsnummer zu beantragen, die für die gesamte Europäische Union Gültigkeit hat. Vom Amtstierarzt werden regelmäßige Kontrolluntersuchungen durchgeführt, in denen die veterinär- und sanitätshygienischen Zustände überprüft werden. Diese Ergebnisse sind ebenso wie die der Rückstandsuntersuchungen, die gemäß der **Rückstandskontrollverordnung** auch für Gehegebetriebe vorgeschrieben sind, in einem Protokollbuch festzuhalten.

Durch das **Lebensmittelsicherheits- und Verbraucherschutzgesetz** LMSVG wurde das Töten, Entbluten und Ausweiden auch im Freien ermöglicht, das Enthäuten muss jedoch weiterhin im Schlachtraum stattfinden. Unter gewissen Voraussetzungen – so ist z. B. eine Teilnahme beim Tiergesundheitsdienst obligatorisch – ist eine Lebendbeschau durch den Tierhalter bis zu 28 Tage vor dem Schlachttermin möglich.

Verarbeitung

Ist ein wildhaltender Betrieb als Schlachtbetrieb registriert, darf das Ausweiden direkt am Betrieb erfolgen. Es besteht auch die Möglichkeit, die Registrierung als Zerlegebetrieb zu beantragen, was aber mit zusätzlichen Auflagen, also kostenintensiven Maßnahmen, verbunden ist. Die wichtigsten dieser sehr umfassenden Vorschriften sind im Hygienekapitel dieses Buches wiedergegeben. In diesem heiklen Bereich, in dem es laufend zu Verschärfungen kommt, empfiehlt es sich, den Rat des Amtstierarztes einzuholen.

Tiertransport

Wer Zuchtwild transportiert, hat an sich die gesetzlichen Bestimmungen des **Tiertransportgesetzes** zu beachten. Eine wichtige Ausnahme ist jedoch der Transport von einzelnen Tieren, die von einer Person begleitet werden, oder ein Transport, der eine Entfernung von 50 km nicht übersteigt. Ansonsten ist eine Bestätigung über die fachliche Befähigung mitzuführen, die Landwirte über die Bezirksbauernkammer erhalten.

Landesgesetze

Bis zum Inkrafttreten des (Bundes-)Tierschutzgesetzes war Tierschutz in den Bundesländern unterschiedlich geregelt. Je nach Land fanden sich Bestimmungen im jeweiligen **Jagdgesetz**, (Landes-)Tierschutz- und Tierhaltegesetz und in verschiedenen Verordnungen. Aufgrund der Verfassungsänderung mit 01. 01. 2005 sind die landesgesetzlichen Tierschutzbestimmungen für landwirtschaftliche Wildgatter nunmehr außer Kraft gesetzt und nicht mehr anwendbar.

Die Jagd betreffende Vorschriften für die landwirtschaftliche Wildhaltung finden sich auch weiterhin in einzelnen Jagdgesetzen. Während Vorarlberg, Tirol und die Steiermark die Gehegewildhaltung als landwirtschaftliche Bewirtschaftungsform vom Jagdgesetz ausnehmen, normieren die Jagdgesetze anderer Bundesländer in verfassungsrechtlich mitunter bedenklicher Weise die oben erwähnten Vorschriften für die landwirtschaftliche Wildhaltung.

Wie auf alle anderen Vorhaben sind hingegen die landesrechtlichen **Bau- und Naturschutzgesetze** durch die Gemeinde und die Bezirkshauptmannschaft anzuwenden.

Deutschland

Deutsche Gehegebetreiber haben eine Vielzahl von bundes- und unterschiedlichen landesrechtlichen Normen zu beachten. Die Genehmigung zur Errichtung, Erweiterung und zum Betrieb von Wildgehegen wird im Allgemeinen von der Unteren Jagdbehörde im Einvernehmen mit der Naturschutzbehörde erteilt. Bereits in der Planungsphase sollte man sich also mit dem zuständigen Landratsamt in Verbindung setzen. Zur Beurteilung der geplanten Gehegewildhaltung ist eine Vielzahl von Behörden eingebunden, die vorwiegend bei der Kreisverwaltungsbehörde angesiedelt sind:

- Die Untere **Jagdbehörde** als zumeist verfahrensleitende Behörde,
- die Untere **Naturschutzbehörde** hinsichtlich einvernehmlicher Regelungen zu naturschutzrechtlichen Belangen, etwa bei Anzapfen von Quell- oder Fließgewässern,
- das staatliche **Amt für Landwirtschaft und Forsten** prüft, ob ein landwirtschaftlicher Betrieb vorliegt,
- die Untere **Bauaufsichtsbehörde** prüft die baurechtlichen Voraussetzungen,
- die **Gemeinde** muss entsprechend § 36 des Baugesetzbuches einbezogen werden,
- das staatliche **Forstamt** ist zuständig, falls Wald miteingezäunt wird,
- die **Waffenrechtsbehörde** ist für die Erteilung der Waffenbesitzkarte und der Schießerlaubnis zuständig, wofür ein Sachkundenachweis zu erbringen ist,
- das **Lebensmittelüberwachungs- und Veterinäramt** (LÜVA) prüft die artgerechte Haltung sowie Sachkunde und ist für die Umsetzung des Fleischhygienegesetzes, der Fleischhygiene-Verordnung, des Tierschutzgesetzes, des Seuchenrechts und des Arzneimittelgesetzes zuständig.

Gehegeerrichtung

Neben den später angeführten Landesbestimmungen über die Tierhaltung und jagdgesetzlichen Normen sind Vorschriften im **Naturschutz-** und im **Forstrecht** zu beachten. Demnach dürfen Hauptwechsel des Schalenwilds oder der Zugang zu Wildfütterungen nicht abgeschnitten werden, sind kleinflächige ökologisch wertvolle Landschaftselemente im Gehege zu schützen und dürfen Wanderwege nicht abgeschnitten werden. Baurechtlich entscheidend ist, ob es sich um eine „Hobbytierhaltung" oder einen landwirtschaftlichen Betrieb handelt. Letztere können nach § 35 Absatz 1 des **Baugesetzbuches** privilegiert sein. Durch den Entfall des § 24 des **Bundesnaturschutzgesetzes** wurde zwar der Genehmigungsvorbehalt für die Errichtung, Erweiterung und den Betrieb von Wildgehegen gestrichen. Nunmehr regelt aber jedes Bundesland diesen Bereich nach seinem Naturschutzgesetz unterschiedlich. Hingegen gibt es Bestrebungen zur bundesweiten Vereinheitlichung eines Sachkundenachweises.

Tierhaltung

Gerade der zentrale Bereich der Tierhaltung selbst wird landesgesetzlich – und dort höchst unterschiedlich – geregelt. Die Gesetze werden für die Bundesländer mit bedeutender Gehegewildhaltung im Abschnitt **Landesrecht** gesondert angeführt. Zunächst werden aber die bundesweit geltenden Bestimmungen behandelt.

Narkose

Seit 01. 04. 2003 ist das neue deutsche **Waffengesetz** in Kraft, das durch die **Allgemeine Waffengesetz-Verordnung** ergänzt wird. Nunmehr zählen auch Blasrohre zu den Waffen. Für ihren Erwerb ist jedoch weiterhin keine Waffenbesitzkarte erforderlich. Vor Anwendung von Betäubungsmitteln ist gemäß dem **Betäubungsmittelgesetz** eine Genehmigung des Veterinäramts erforderlich, da diese Maßnahme ansonsten Tierärzten vorbehalten ist. Gehegebetreiber können eine Ausnahmebewilligung erreichen, wenn sie sowohl Sachkunde als auch einen berechtigten Grund – der in diesem Fall aber als gegeben gilt – nachweisen. Eine Immobilisation zur Schlachtung ist weder sinnvoll noch ist sie nach der Fleischhygiene-Verordnung zulässig.

Töten

Eine Schusswaffe darf nur erwerben, wer das 18. Lebensjahr vollendet hat, zuverlässig und sachkundig ist sowie ein Bedürfnis und eine Haftpflichtversicherung nachgewiesen hat. Von erstmaligen Antragstellern unter 25 Jahren – ausgenommen Jägern – wird ein psychologisches Zeugnis gefordert. Zuverlässigkeit und Eignung werden alle drei Jahre überprüft. Waffen müssen binnen 14 Tagen nach Erwerb in die Waffenbesitzkarte eingetragen werden. Erleichterungen für die zeitweilige Überlassung von Waffen gelten für Jäger und Gehegewildhalter. Für Gehegebetreiber bedeutend ist § 12 des **Waffengesetzes**. Demnach kann ein Gehegewildhalter seine Narkose- oder Schusswaffe unter bestimmten Bedingungen zu einem anderen mitnehmen. Töten von Gehegewild gilt nicht als Jagdausübung, weswegen auch Jagdscheininhaber eine Schießerlaubnis des Landratsamts benötigen.

Für Gehegewild wurde in § 4 der **Tierschutzschlachtverordnung** als Betäubungs- und Tötungsverfahren der Kugelschuss vorgeschrieben, für den eine entsprechende Sachkunde nachzuweisen ist. Es ist eine Patrone mit einem Kaliber über 6,5 mm bei einer Auftreffenergie E100 über 2.000 Joule zu verwenden. Eine Ausnahme gilt für Damwild: Hier reicht eine Patrone mit einem Kaliber von mindestens 5,6 mm mit einer Mündungsenergie von mindestens 300 Joule bei einer Schussentfernung unter 25 m von einem Hochstand unter 4 m in einem geschlossenen Gehege mit unbefestigtem Boden und mindestens 1,80 m hoher Einzäunung.

Vermarktung

Gehegewild ist der amtlichen Schlachttier- und Fleischuntersuchung zu unterziehen – es gilt nicht als Haarwild im Sinne des **Fleischhygienegesetzes**. Eine Direktvermarktung ist nur Betrieben gestattet, die nach der **Fleischhygiene-Verordnung** registriert sind.

Tiertransport

Wild ist nach § 32 der **Tierschutztransportverordnung** als sonstiges Säugetier zu behandeln. Geweihtragende Hirsche dürfen während der Bastzeit nicht transportiert werden. In jedem Fall sind Schmerzen, Leiden oder Schäden an den Tieren zu vermeiden. Das bedeutet, dass der körperliche Zustand den Transport erlauben muss, die Tiere genügend Raum zur Verfügung haben und unverzüglich an den Bestimmungsort zu bringen und dort zu entladen sind. Am Transportmittel muss gut sichtbar die Aufschrift „lebende Tiere“ angebracht sein. Transporteure benötigen einen Sachkundenachweis und Transportdokumente.

Tierseuchen/Tierkörperbeseitigung

Gehegewild unterliegt der Anzeigepflicht nach dem **Tierseuchengesetz**. Erst seit Kurzem ist diese Tierhaltungsform in die Tierseuchenkasse aufgenommen und eine eigene Gehegewildkasse eingerichtet. Verendete Tiere und getötete Tiere, die nicht verwertet werden sollen oder können, sind genauso wie Schlachtabfälle nach § 5 des **Tierkörperbeseitigungsgesetzes** in Tierkörperbeseitigungsanlagen zu beseitigen.

Landesrecht

Neben diesen für Gesamtdeutschland gültigen Gesetzen gelten bundesländerweise unterschiedliche Landesgesetze und Richtlinien. Vor allem die Regelung der eigentlichen Tierhaltung ist Landessache. Die wichtigsten Bestimmungen der Länder mit verbreiteter landwirtschaftlicher Wildhaltung sind im Folgenden angeführt.

Bayern

Zur Errichtung von kleineren Gehegen besteht nur eine Anzeigepflicht. Das Antragsformular muss bei der zuständigen Kreisverwaltungsbehörde eingereicht werden. Seit dem Inkrafttreten der **Gehegewildrichtlinien 2007** sind für geplante Wildgehege ausschließlich Gehege mit einer Fläche ab 10 ha genehmigungspflichtig. Die nach früheren Vorschriften erteilten Genehmigungen gelten weiter, allerdings sind wesentliche Änderungen, wie eine Gehegeerweiterung, Wechsel der Tierart etc., stets anzuzeigen.

Generell wird geprüft, ob ein landwirtschaftlicher Betrieb vorliegt (Privilegierung für Bauten) und ob naturschutzrechtliche Vorschriften (Wasserschutzgebiet, Waldgebiet, touristische Behinderungen) vorliegen.

Die Mindestgröße eines Damwildgeheges beträgt 1 ha (Rotwild: 2 ha, Mischgehege: mindestens 3 ha). Pro erwachsenem Tier mit Nachzucht müssen mindestens 1.000 m² (Rotwild: 2.000 m²) zur Verfügung stehen. Als artgemäß wird ein Mindestbesatz von fünf erwachsenen Tieren und ein Geschlechterverhältnis von mindestens einem Zuchthirsch pro 20 geschlechtsreifen weiblichen Tieren angesehen. Weiters ist ein Witterungsschutz vorzusehen. Beifutter soll in überdachten Raufen an mindestens zwei befestigten Stellen gleichzeitig angeboten werden, ein Kälberschlupf wird angeraten. Die Zäune müssen eine Mindesthöhe von 1,8 bis 2 m haben (Rotwild mindestens 2 m) und sowohl das Entweichen der Tiere – einschließlich der Kälber – als auch das Eindringen von Raubwild und Hunden verhindern. Eine offene, sockellose Einfriedung und eingeschossige, nicht unterkellerte landwirtschaftliche Wirtschaftsgebäude mit einer Maximalgrundfläche von 100 m² (maximale überdachte Fläche 140 m²) brauchen keine Baugenehmigung.

Nordrhein-Westfalen

Damwildgehege zur Fleischerzeugung gelten nunmehr nach § 67 des NRW **Landschaftsgesetzes** als landwirtschaftliche Nutztierhaltung und sind deshalb von der naturschutzrechtlichen Genehmigungspflicht ausgenommen. Die Hobbyhaltung von Damwild sowie jede Haltung von Sika- und Rotwild sind auch weiterhin genehmigungspflichtig. In Nordrhein-Westfalen gilt eine Mindestgröße von 5.000 m² und ein Mindestbesatz von vier Tieren (Rotwild: 15.000 m² bzw. fünf Tiere).

Niedersachsen

Seit 2005 sind in Niedersachsen für die landwirtschaftliche Wildhaltung keine naturschutzrechtliche Genehmigung und auch keine tierschutzrechtliche Erlaubnis mehr erforderlich. Es genügen zwei Anzeigen, und zwar beim zuständigen Kreisveterinäramt und bei der zuständigen Unteren Naturschutzbehörde (in Niedersachsen sind beide Stellen den Landkreisen zugeordnet).

Dies gilt allerdings nur, wenn das Gehege einem landwirtschaftlichen Betrieb dient, also privilegiert im Sinne des Baurechts ist. Handelt es sich um kein privilegiertes Vorhaben (z. B. ein Hobbygehege), so ist eine Baugenehmigung für den Zaun und Unterstand erforderlich.

Die Anzeige beim Veterinäramt muss vier Wochen, bevor mit der Wildhaltung begonnen werden soll, erfolgen. In der Anzeige sind Art, Zahl und Geschlecht der zu haltenden Tiere, die für die Tätigkeit verantwortliche Person,

Angaben über Größe und Ausgestaltung des zu errichtenden Geheges sowie Angaben über die Sachkunde der verantwortlichen Person anzugeben. Vorgeschrieben ist unter anderem eine Mindestgehegegröße von 1 ha, eine Mindestfläche von 1.000 m^2 pro Alttier und ein Maximalbesatz von zehn erwachsenen Tieren pro ha. Der Mindestbestand muss fünf Stück Damwild betragen. Für 20 geschlechtsreife weibliche Tiere muss es einen Hirsch geben. Eine zeitweilige Gehegeunterteilung ist zulässig, jedoch muss jede Teilfläche mindestens 1 ha groß sein und alle erforderlichen Strukturelemente, wie Sichtschutz etc., enthalten. Bei Koppelung dürfen ein Höchstbesatz von 20 adulten Tieren samt Nachzucht sowie die Höchstbesatzdichte des Geheges nicht überschritten werden. Zaun und Gehegeeinrichtungen müssen verletzungssicher errichtet werden. Eine Mindestzaunhöhe von 1,80 m ist erforderlich, Schleusentore sind verboten. Weiters muss ein ausreichender Witterungsschutz für alle Tiere, zur Setzzeit ein Sichtschutz für die Kälber und zur Fegezeit genug Beschäftigungsmaterial (Äste etc.) zur Verfügung stehen. Es werden eine tägliche Kontrolle durch den Betreiber und eine ausreichende Versorgung mit Wasser und Futter gefordert. Die Futterstellen sollen befestigt werden. Die Geweihentfernung ist grundsätzlich unzulässig. Für jedes Gehege ist ein Bestandsregister zu führen und drei Jahre aufzubewahren. Entwichene Tiere, deren Verfolgung der Eigentümer aufgibt, sind von der Jagdbehörde zum Abschuss freizugeben. Eine jährliche parasitologische Untersuchung ist vorgeschrieben. Zur Durchführung von Behandlungen, Eingriffen etc. sind die Tiere entweder medikamentös zu immobilisieren oder mittels Fanganlage zu fangen. Es ist ein Arzneimittelbestandsbuch zu führen, in dem alle Behandlungen mit apotheken- und verschreibungspflichtigen Medikamenten aufgeführt sind.

Die Schlachtung hat mittels Kugelschuss zu erfolgen. Hierfür sind weitere waffen-, tierschutz- und ordnungsrechtliche Erlaubnisse erforderlich (Waffenbesitzkarte, Sachkunde Schlachten, Schießerlaubnis).

Seit März 2010 besteht ebenfalls eine Anzeigepflicht nach Naturschutzrecht. Die Anzeige kann formlos mit den gleichen Angaben wie in der oben erwähnten Anzeige nach Tierschutzrecht erfolgen.

Sachsen

§ 24 des **Sächsischen Landesjagdgesetzes** sieht vor, dass die Genehmigung zur Errichtung, Erweiterung und zum Betrieb von Wildgehegen von der Unteren Jagdbehörde im Einvernehmen mit der zuständigen Naturschutzbehörde erteilt wird. Dabei ist zu beachten, dass für die artgerechte Haltung des Wildes ausreichend Gehegefläche zur Verfügung stehen muss. Empfohlen wird eine Gehegegröße von mindestens 3 ha. Gehalten werden sollten mindestens fünf Stück Wild mit einem Geschlechterverhältnis von 1 : 4, bewährt hat sich ein Hirsch pro 15 bis 20 Tiere.

Am Genehmigungsverfahren werden durch die Untere Jagdbehörde folgende Fachbehörden beteiligt: Die Untere Naturschutzbehörde wird hinsichtlich naturschutzrelevanter Belange beteiligt. Das Staatliche Amt für Landwirtschaft beurteilt das Vorhaben aus fachlicher Sicht und prüft, ob ein landwirtschaftlicher Betrieb vorliegt. Das Lebensmittelüberwachungs- und Veterinäramt (LÜVA) beim Landratsamt beurteilt den Standort des Geheges unter veterinärhygienischen Aspekten und überwacht den Tierbestand. Vom LÜVA wird geprüft, in welchem Maße die geplante Haltung von Gehegewild im Einzelfall genehmigungspflichtig ist und ob der Betreiber über die erforderliche Sachkunde für den Betrieb eines Wildgeheges verfügt. Außerdem ist das LÜVA für die Umsetzung des

Fleischhygienegesetzes, der Fleischhygiene-Verordnung, des Tierschutzgesetzes und des Arzneimittelgesetzes zuständig.

Die Untere Bauaufsichtsbehörde prüft die baurechtlichen Voraussetzungen für die Errichtung eines Wildgeheges. Dabei ist von besonderer Bedeutung, ob es sich bei dem geplanten Wildgehege um ein Vorhaben handelt, das einem landwirtschaftlichen Betrieb dient und deshalb nach § 35 Baugesetzbuch (BauGB) privilegiert sein kann. Die Gemeinde, auf deren Gebiet sich das Gehege befinden soll, muss gemäß § 36 BauGB in die Entscheidung über die Genehmigung des Bauvorhabens einbezogen werden. Wird Wald in das Gehege einbezogen werden, muss außerdem das zuständige staatliche Forstamt am Verfahren beteiligt werden.

Erfolgt die Tötung von Gehegewild durch Schuss, ist nach § 28 Waffengesetz eine Waffenbesitzkarte und nach § 45 Waffengesetz eine Schießerlaubnis erforderlich. Zuständig für die Erteilung von Waffenbesitzkarte und Schießerlaubnis sind im Freistaat Sachsen ebenfalls die Landratsämter bzw. kreisfreien Städte als Kreispolizeibehörden. Hierfür wird nach § 31 Waffengesetz vom Gehegebetreiber ein Sachkundenachweis gefordert.

Die Einzäunung muss aus Knotengittergeflecht errichtet werden, das im unteren Drittel engmaschig ist und bei Damwild eine Höhe von 1,80 bis 2 m aufweisen muss (Rotwild: mindestens 2 m). Spitze Ecken sind zu vermeiden, der Pfahlabstand soll 6 bis 8 m betragen, wobei eine zusätzliche Bodenverankerung mit Heringen vorgeschrieben ist. Eine Rundumbepflanzung auf ganzer Zaunlänge wird abgelehnt. Eine kombinierte Schutz- und Fütterungseinrichtung soll eine Mindestliegefläche von 0,5 m^2 pro Stück Damwild (Rotwild 1 m^2) haben. Der ganzjährige und ständige Zugang zu einwandfreiem Wasser ist zu sichern, wobei die Behörde von einem Tagesbedarf von bis zu 5 l pro Damtier und bis zu 20 l pro Großhirsch ausgeht. Aus hygienischer Sicht und aus pflanzenbaulichen Gründen wird die Einrichtung von Umtriebsweiden empfohlen.

Brandenburg

Nach § 43 des **Brandenburgischen Naturschutzgesetzes** vom 06. 08. 2004 sind Gehege zur Erzeugung von Wildfleisch heimischer Wildarten genehmigungsfrei und erst ab einer Größe von über 2 ha bei der Unteren Naturschutzbehörde anzuzeigen. Gehege unter 2 ha sind nur nach dem **Tierschutzgesetz** beim zuständigen Amtstierarzt anzuzeigen. § 11 Tierschutzgesetz verlangt von jedem, der gewerbsmäßig Wirbeltiere – ausgenommen landwirtschaftliche Nutztiere – hält, eine behördliche Erlaubnis. In diesem Antrag müssen unter anderem Tierart und -anzahl, verantwortliche Personen sowie die Einrichtungen angegeben werden. Ebenso ist ein Sachkundenachweis vorzulegen. Die Voraussetzungen für die tierschutz- und veterinärrechtliche Erlaubnis finden sich in § 2 des Tierschutzgesetzes. Entsprechend § 55 der **Brandenburgischen Bauordnung** vom 21. 07. 2003 sind Wildzäune genehmigungsfrei. Dasselbe gilt für Unterstände, die nicht größer als 150 m^2 und höher als 5 m sind. Jedoch darf nach § 8 des **Waldgesetzes** des Landes Brandenburg vom 20. 04. 2004 Wald nur mit Genehmigung der Unteren Forstbehörde vorübergehend oder dauernd in eine andere Nutzungsart umgewandelt werden.

Landwirtschaftliche Gehegebetreiber können unter gewissen Voraussetzungen in den Genuss des Agrarinvestitionsförderprogramms AFP und von Zuwendungen für einzelbetriebliche Investitionen kommen. Zur Vorbeugung der Verbuschung und zur Erhaltung artenreicher Grünlandbestände dient das Kulturlandschaftsprogramm KULAP 2000, der Förderung des Ökologischen Landbaus ein eigenes Programm.

Schweiz

Gemäß Art. 90 der **Schweizer Tierschutzverordnung** sind gewerbliche Betriebe, in denen Wildtiere für medizinische Behandlungen, zur Eier-, Fleisch- oder Pelzgewinnung oder für ähnliche Zwecke gewerbsmäßig gehalten oder genutzt werden, bewilligungspflichtig. Das Gesuch ist an die Behörde des Kantons, in dem die Tiere gehalten werden sollen, zu richten.

Zusätzlich muss jeder, der Hirsche halten will, seit dem 01. 10. 2008 gemäß Art. 89 und 90 der Tierschutzverordnung über eine Wildtierhalte-Bewilligung verfügen. Für diese Bewilligung ist unter anderem eine fachspezifische, berufsunabhängige Ausbildung nach Art. 197 TSchV erforderlich. Das von der Schweizerischen Hirschhaltervereinigung, dem BGK, und der AGRIDEA zusammen erarbeitete Ausbildungskonzept ist im Dezember 2009 vom Bundesamt für Veterinärwesen bewilligt worden. Ziel der Ausbildung ist, dass jeder Hirschhalter die Ansprüche und Eigenheiten seiner Tierart kennt, damit er sie tiergerecht halten, richtig ernähren und verantwortungsbewusst züchten kann.

Die Bewilligung darf nur erteilt werden, wenn Räume, Gehege und Einrichtungen der Art und Zahl der Tiere sowie dem Zweck des Betriebes entsprechen und die Tiere nicht entweichen können; in Betrieben nach Art. 90 Abs. 2 die Anzahl Tiere pro Flächeneinheit dem Futterangebot und der Beanspruchung des Bodens angepasst ist; die Tiere, soweit nötig, durch bauliche oder andere Maßnahmen gegen Witterung, Störung durch Personen, übermäßigen Lärm und Abgase geschützt sind; die personellen Anforderungen erfüllt sind sowie die regelmäßige tierärztliche Überwachung nachgewiesen werden kann.

Die Bewilligungen können auch Fütterung, Pflege und Unterkunft näher festlegen und präzisieren. Außerdem können sie mit zusätzlichen Bedingungen und Auflagen verbunden werden. Insbesondere bei der landwirtschaftlichen Haltung von Wildtieren, wo die Tiere sich weitgehend von Raufutter ernähren, das innerhalb ihrer Gehege produziert wird, fordert die kantonale Behörde oft dimensionierte Gehege, die die Mindestmasse übertreffen. Weiters gilt das Tierseuchengesetz (TSG), die Tierseuchenverordnung (TSV), die Fleischhygieneverordnung über die Entsorgung tierischer Abfälle (VETA) und das Bundesgesetz über den Wald.

Gehegeerrichtung

Hirsche gelten als Wildtiere. Ihr gewerbsmäßiges und privates Halten erfordert eine Bewilligung. Die Mindestanforderungen sind in Anhang 2 **TSchV** festgelegt. Der Gehegebetreiber muss – ebenso wie eventuelle weitere Betreuer – ausreichende Kenntnisse über die Hirschhaltung nachweisen. Ebenso ist eine Kopie der Baubewilligung der Gemeinde beizulegen. Die Hirschhaltung muss weiters der Tierverkehrsdatenbank AG in Bern gemeldet werden, die eine TVD-Nummer vergibt.

Bei der Anlage der Gehege ist sicherzustellen, dass die Tiere nicht entweichen und sich nicht verletzen können. Waldareal und öffentliche Gewässer dürfen nach Art. 699 des Schweizerischen Zivilgesetzbuches nicht eingezäunt werden. Der Außenzaun muss eine Mindesthöhe von 2 m aufweisen; in schneereichen Gebieten noch mehr. Er ist im Boden gut zu verankern und muss so beschaffen sein, dass Kälber ihren Kopf nicht durch das Gitter stecken können. In Gebieten mit Luchsvorkommen wird ein zusätzlicher Elektrodraht in 1,70 m Höhe sowie an der Oberkante des Zaunes empfohlen. Die Verwendung von Stacheldraht ist verboten. Die Außentore müssen mit einem abschließbaren

Schloss gesichert sein. Bei Zäunen entlang von öffentlichen Wegen sind nach Art. 36 TSchV Kontakte zwischen Passanten und Tieren auszuschließen und Tafeln mit der Aufschrift „Füttern verboten" anzubringen.

Bei landwirtschaftlicher Nutzung darf das Gehege nur mit so vielen Tieren belegt werden, wie die Grasnarbe verträgt. Als Mindestgröße wird ein auf zwei – besser noch auf drei – Gatter unterteiltes Gehege von mindestens 2 ha empfohlen, als Richtwert für Damtiere gelten acht adulte Tiere und deren Kälber pro ha. Es gibt unterschiedliche Mindestflächen: Der Damhirsch zählt demnach zu den mittelgroßen Hirschen, da die Schulterhöhe in der Regel unter 1 m liegt. Die Mindestfläche für Zooanlagen mit ausschließlicher Zufütterung beträgt daher 500 m² für acht Tiere. Rothirsche zählen zu den großen Hirschen, auf 500 m² dürfen maximal sechs Tiere gehalten werden. Für landwirt schaftliche Gehege finden sich hingegen keine verbindlichen Größenangaben.

Ein obligatorischer Witterungsschutz – Bäume oder eine Hütte – muss allen Tieren Platz bieten, d. h., pro Tier muss eine Fläche von 1 m² zur Verfügung stehen. Das Futter an Futterstellen darf nicht nass werden und muss für alle Tiere – ebenso wie eine Tränke mit Frischwasser – jederzeit leicht zugänglich sein. Eine normale Klauenabnützung – erforderlichenfalls durch Aufschüttung von Kies, Splitt oder Mergel – muss sichergestellt sein. Für die Gestaltung und den Verlauf des Geheges ist eine gemeinderätliche Baubewilligung gemäß den kantonalen Tierschutzverordnungen erforderlich. Weiters müssen Einrichtungen zur Quarantäne, zur Behandlung und zum Fang vorhanden sein.

Gehegebetrieb

Die Tiere sind dauerhaft zu kennzeichnen, Zu- und Abgänge in einem **Gehegebuch** zu protokollieren und von Hunden oder Luchsen gerissene Tiere der Jagdpolizei zu melden. In einzelnen Kantonen werden Damhirsche in die Viehversicherung aufgenommen. Nach Art. 56 des Obligationenrechts haftet für den von einem Tier angerichteten Schaden grundsätzlich, wer nicht die gebotene Sorgfalt der Verwahrung nachweisen kann.

Wesentliche Veränderungen an den Gehegen und im Tierbestand sind dem Kantonalen Veterinäramt ebenso im Voraus zu melden wie ein Wechsel beim Betreuungspersonal. Die Bewilligung für das Halten von Hirschen ist in der Regel auf fünf Jahre befristet. Die Bewilligung ist vor Ablauf der Frist beim Kantonalen Veterinäramt zu erneuern. Sie kann entzogen bzw. nicht erneuert werden, wenn die erforderlichen Voraussetzungen nicht mehr erfüllt werden, wenn wiederholt Tiere aus dem Gehege entwichen sind oder Bestimmungen der Tierseuchen- und Tierschutzgesetzgebung sowie der Fleischhygieneverordnung verletzt worden sind.

Tötung/Wildfleischbehandlung

Die **Tötung** erfolgt durch einen gezielten Büchsenschuss mit einer Waffe (Teilmantelgeschoss, mindestens Kaliber 222) mit Zielfernrohr. Die Tötung durch Bolzenschuss ist untersagt. In Gehegen dürfen keine Jagden veranstaltet und auch keine Abschüsse verkauft werden. Der Abschuss darf nur durch jagdberechtigte Personen erfolgen oder solche, die einen Schießkurs der Schweizerischen Vereinigung der Hirschhalter mit Erfolg absolviert haben. Diese Personen müssen der Bewilligungsbehörde namentlich bekannt gegeben werden. Nach der Tötung sind die Tiere durch Durchtrennen der Halsschlagadern zu entbluten. Sofort nach dem Erlegen und Ausweiden im Freien müssen die Tierkörper in ein bewilligtes Schlachtlokal gebracht, dort innerhalb einer Stunde fachgerecht ausgeschlachtet und vom zuständigen Fleischkontrolleur **beschaut** werden. Davon ausgenommen sind

Hirsche für den Eigengebrauch und Betriebe, die nur gelegentlich und in geringer Anzahl – höchstens zwei Tiere pro Tag, höchstens sechs pro Woche – schlachten. In diesen Betrieben wird die Fleischkontrolle vom Bezirkstierarzt oder seinem Stellvertreter vor Ort durchgeführt. Nur beschautes Fleisch mit amtstierärztlichem Zeugnis darf in Verkehr gebracht werden. Hirsche dürfen nicht geschlachtet oder bearbeitet werden, wenn sie offensichtlich krank sind. Fleisch von medikamentös immobilisierten Tieren darf nicht in Verkehr gebracht werden. Die Entsorgung der Schlachtabfälle nach den Bestimmungen der eidgenössischen Verordnung über die Entsorgung tierischer Abfälle (VETA) obliegt dem Tierhalter.

Narkose

Diese Bestimmungen über die Waffen gelten sinngemäß auch für die Anwendung von Betäubungsgeräten zum Lebendfang. Arzneimittel zum Einfangen von Tieren dürfen nur nach tierärztlicher Anweisung verwendet werden. Ihr Einsatz ist zu dokumentieren.

Tierseuchen

Die Bestimmungen der Tierseuchengesetzgebung für landwirtschaftliche Nutztiere gelten sinngemäß. Tierhalter sind verpflichtet, verdächtige Erscheinungen, die den Ausbruch einer Seuche befürchten lassen (u. a. Aborte), unverzüglich dem Kontrolltierarzt zu melden. In einzelnen Kantonen werden Damhirsche in die Viehversicherung aufgenommen.

Transport

Beim Verkauf von Lebendwild in ein anderes Gehege ist ein Begleitdokument für Klauentiere auszustellen. Die Transportbestimmungen legen Anforderungen an Transportmittel, -behälter und -betreuer fest.

Kantonale Bestimmungen

In manchen Kantonen sind über die Bundesgesetzgebung hinausgehende Regelungen in kantonalen Jagd-, Tier- und Wildschutzverordnungen, Ausführungsbestimmungen zum eidgenössischen Tierschutzgesetz sowie Lebensmittel- und Fleischverordnungen festgelegt. Generell ist zu sagen, dass diese Gesetze und Verordnungen jedenfalls verbindlich sind, während die Richtlinien und Informationsschreiben im Allgemeinen nur empfehlenden Charakter haben und erst dann verbindlich werden, wenn die kantonale Behörde sie als Auflage festlegt.

Europäische Vorschriften

Nach der seit 01. 01. 2005 geltenden **Verordnung (EG) Nr. 178/2002** des Europäischen Rates und des Parlaments vom 28. 01. 2002 („**Allgemeines Lebensmittelrecht**") sind Gehegebetreiber ebenso wie Bauern und Jäger nicht mehr Rohstoff-, sondern Lebensmittelerzeuger. Erstmals ist die gesamte Primärproduktion erfasst und muss die Rückverfolgbarkeit aller Produkte gewährleistet sein. Tierhalter müssen daher Aufzeichnungen über Art und Herkunft ihrer Futtermittel sowie angewendeter Arzneimittel führen. Sie sind verpflichtet, Erkrankungen, Untersuchungsergebnisse und Befunde, die für die Lebensmittelsicherheit von Bedeutung sind, aufzuzeichnen. Dieses **„Hygienepaket"** umfasst ebenfalls auch die Primärproduktion, also auch Jagdwild. Was jedoch „frei lebendes Wild" im Sinn dieser Bestimmungen ist, bestimmt der jeweilige Mitgliedsstaat – und Österreich hat Gehegewild ausdrücklich von der Jagd ausgenommen. Die bereits sehr strengen Hygienebestimmungen für die Tötung, Verarbeitung und Vermarktung von Gehegewild werden nunmehr durch Bestimmungen für Jagdwild ergänzt. Alle Landwirte, die Futtermittel für nahrungsmittelliefernde Tiere produzieren – also auch Gehegebetreiber –, müssen sich als Futtermittelhersteller offiziell registrieren lassen. Die landwirtschaftliche Wildhaltung unterliegt auch Teilen der sehr umfassenden **Europäischen Agrarpolitik**. Wer Direktzahlungen erhält, muss die Cross Compliance – eine Verknüpfung von Umwelt-, Lebensmittel- und Tierschutzstandards – beachten. Die Weideflächen sollen in einem guten ökologischen Zustand als Dauergrünland erhalten bleiben. Eine eigene EU-Marktpolitik, wie unter anderem im Rinder- und Schweinebereich, gibt es für den Bereich Wildfleisch gottlob nicht.

Biologische Damwildhaltung

Die Damwildhaltung als extensive Tierhaltung und Landnutzung passt gut zum Grundgedanken eines geschlossenen ökologischen Stoffkreislaufs. Trotzdem sind erst wenige wildhaltende Betriebe als Biobetriebe registriert. Welche Tierhaltung sich biologisch nennen darf, ist in der **Verordnung (EWG) Nr. 2092/91** des Rates vom 24. 06. 1991 festgehalten, die sich jedoch nicht mit der Gehege- bzw. Farmwildhaltung beschäftigt. Hingegen finden sich auch für Gehegewildhalter Bio-Bestimmungen im Codex Alimentarius Austriacus, dem **Österreichischen Lebensmittelbuch, Codexkapitel A 8** „Landwirtschaftliche Produkte aus biologischem Landbau und daraus hergestellte Folgeprodukte“.

Codex-Richtlinien (Österreich)

Die allgemeinen tierschutzrechtlichen Auflagen betreffend die Mindestgehegegröße und Besatzdichte sind für Biobetriebe verschärft. Demnach dürfen nur zehn Stück adultes Damwild bzw. fünf Stück adultes Rotwild auf 1 ha gehalten werden, also die Hälfte des konventionellen Höchstbesatzes. Für gemischte Gehege gilt eine Mindestgröße von 3 ha. Außerdem dürfen Biobetriebe Tiere nur aus anderen Biobetrieben zukaufen. Eine Ausnahme gilt unter anderem für den Erstbesatz. Die Weide ist auf mindestens zwei Koppeln (Damwild: mindestens 0,5 ha; Rotwild und gemischte Gehege: mindestens 1 ha) aufzuteilen. Erforderliche Futterzukäufe dürfen nur von Biobetrieben erfolgen – die Bestimmungen der EU-VO 2092/91 gelten hier also sinngemäß.

Bio-Wildhalter werden mindestens einmal jährlich von einer staatlich zugelassenen Kontrollstelle, wie z. B. der Austria Bio Garantie, überprüft. Die Überprüfung umfasst die Haltung und Fütterung des Damwilds ebenso wie den Wareneingang und -ausgang.

Empfehlungen Bioland (Deutschland)

Bioland empfiehlt eine Gehegegröße von mindestens 3 ha, um den Tieren mehr Rückzugsmöglichkeiten und eine größere Fluchtdistanz zu ermöglichen. Weiters wird eine Mindestrudelgröße von fünf Tieren und einem Hirsch bei einer Bestandsdichte von maximal sieben Tieren und einem Geschlechterverhältnis von maximal 30 : 1 empfohlen. Damit sollen Sozialstress der Tiere und eine Schädigung der Grasnarbe durch Überbesatz sowie überhöhte Nährstoffeinträge durch Ausscheidungen vermieden werden. Das Futter soll überwiegend aus dem

PRAXISTIPPS: Behördenverfahren

- Der Umgang mit Behörden wird wesentlich vereinfacht, wenn man klare Vorstellungen über sein Projekt und **gute Unterlagen** hat. Bei uns hat es sich ausgezahlt, dass wir uns einige Gehege angesehen und Ratschläge von erfahrenen Kollegen eingeholt haben. Mit diesem Wissen ausgestattet, konnten wir unser Vorhaben sehr konkret beschreiben.
- Bei der Ortsverhandlung mit Behördenvertretern und Anrainern hatten wir auch **Luftbilder** und **Katasterauszüge** mit, um so die Lage des geplanten Geheges darzustellen. Vor allem gegenüber der Forstbehörde lässt sich mit einem Orthofoto, das mit den Katastergrenzen unterlegt ist, leichter darlegen, dass eine mittlerweile bewaldete Fläche ursprünglich Wiese war – und so eine Rodungsbewilligung für den Sicht- und Witterungsschutz erlangen.
- Wenn ein **erfahrener und angesehener Wildhalter** bei der Verhandlung mit dabei ist, kann das in der Argumentation erforderlicher Maßnahmen Rückhalt geben. Einem pensionierten Förster, der seit Jahrzehnten Damwild hält und der die geringe Schälgefahr für Nadelbäume bestätigt, wird die Forstbehörde eher vertrauen als einem noch nicht so versierten Neueinsteiger.
- Neben Praktikern aus der Region kommt von den **Interessenverbänden** große Unterstützung, deren Mitarbeiter den aktuellsten Stand der Gesetze kennen und so rechtliche Hilfe leisten können. Sie bieten umfassende Beratung in allen Fragen und können Auskunft über allfällige Förderungen geben.
- Behörden sind in erster Linie für die Einhaltung mitunter unverständlicher Gesetze verantwortlich und werden daher oft als „Gegner" gesehen. Das ist nicht richtig: Behörden sind im Allgemeinen zwar keine Beratungsstellen, bieten oft aber auch Unterstützung bei der Umsetzung einigermaßen konkretisierter Vorhaben. Sehr gute Tipps erhielten wir etwa von unserem **Amtstierarzt**.
- Landwirtschaftliche Wildhaltung ist etwas völlig anderes als Jagd und sollte von dieser immer strikt unterschieden werden. Beide arbeiten aber mit den gleichen Tieren, sodass wir Gehegebetreibern zur **Ablegung der Jägerprüfung** raten, selbst wenn sie nie auf Jagd gehen werden. Ein Grundwissen über jagdbares Wild, jagdliches Brauchtum und Wildbret bringt Gehegebetreibern Akzeptanz bei Jägern und hilft beim Gespräch mit Kunden, die Gehegewildhaltung nicht immer von Jagd unterscheiden können.
- Mit Ablegung der Jägerprüfung und Einlösen der Jagdkarte wird auch die Erlangung der waffenrechtlichen Dokumente erleichtert.
- Damwild kann bald jemand halten: Die Tiere sind unkompliziert und die gesetzlich erforderliche Sachkunde ist bald angeeignet. Wir haben darüber hinaus in (freiwilligen) Kursen zur Fleischhygiene, zur Immobilisierung u. Ä. sehr viel gelernt und raten daher zur Teilnahme an solchen **Fortbildungsveranstaltungen**, die üblicherweise von den Interessenverbänden und Landwirtschaftskammern angeboten werden.

eigenen Betrieb stammen, es dürfen nur Biofutter, Eicheln und Kastanien verfüttert werden, um einen geschlossenen Nährstoffkreislauf zu gewährleisten. Auch bei Bioland wird die artgerechte Tierhaltung im Rahmen der jährlichen Biokontrolle überprüft. Bioland betont weiters die regionale Herkunft mit kurzen Transportwegen und niedrigem Energieverbrauch sowie die stressfreie Tötung. Rund 20 Betriebe mit fast 2.000 Tieren wirtschaften nach den Bioland-Richtlinien und etwa 14 Betriebe mit etwa 500 Tieren nach den Naturland-Richtlinien.

Stammesgeschichte

Vorkommen in Österreich, Deutschland und der Schweiz

Verwandte

Praxistipps: Auswahl der geeigneten Wildart

Herkunft

Stammesgeschichte

Die Ursprünge der Stammesgeschichte des Damwildes liegen bereits in der jüngsten Tertiärzeit, wie Funde aus China belegen. Die ersten Nachweise des Damwildes in Europa gehen bis in die Cromer-Warmzeit vor etwa 600.000 Jahren zurück. Der Europäische Damhirsch in seiner heutigen Form war in Europa in den letzten beiden Zwischeneiszeiten, also vor ca. 130.000 Jahren, zu finden. Nach der letzten Eiszeit war Damwild in Europa praktisch verschwunden und nur noch in Nordafrika und im Vorderen Orient zu finden. Im Zuge der Klimaverschiebung spaltete sich der Damhirsch in zwei Unterarten auf, den Europäischen Damhirsch (*Dama dama*) und den Mesopotamischen Damhirsch (*Dama mesopotamica*). Während der Europäische Damhirsch auf den berglandbewohnenden, nordafrikanisch-türkischen Typ zurückgeht, stammt der Mesopotamische Damhirsch vom flachlandbewohnenden, mesopotamisch-persischen Typ ab.

Riesenhirsch

Der Riesenhirsch lebte vor 400.000 bis 9.500 Jahren. Lange Zeit war nicht klar, wer der Nachfahre des Riesenhirsches (lat. *Megaloceros*) ist, doch Forschern um Adrian Lister gelang nun der Nachweis, dass es das Damwild ist.

Der Riesenhirsch lebte in Eurasien und den nördlichen Teilen Europas. Er erreichte eine Körperlänge von 2,30 bis 2,70 m, eine Schulterhöhe von 2 bis 2,10 m, ein Gewicht von 500 bis 600 kg. Das Fell war dicht und lang, die Färbung reichte von braun über rotbraun bis hin zu grau. Somit war er zwar nicht der größte Hirsch, den es gab, denn heutige Elche erreichen eine ebensolche Größe und sind schwerer. Auch ebenfalls ausgestorbene Riesenformen, wie der Breitstirnelch (lat. *Alces latifrons*), waren mit bis zu 1.400 kg deutlich schwerer.

Was den Riesenhirsch jedoch so besonders macht, ist sein gigantisches Geweih, das nur die männlichen Tiere trugen. Es konnte eine Spannweite von 4 m und ein Gewicht von 50 kg erreichen und dürfte damit das größte Geweih sein, das je ein Tier getragen hat. Beim Paarungskampf bekämpften sich die Riesenhirsche, wobei sie mit ihren mächtigen Geweihen gegeneinanderstießen. Nach der Brunft wurde das gesamte Geweih wieder abgestoßen und wuchs neu, etwa 3 bis 4 cm pro Tag.

Der Kopf war sehr groß und leicht langgestreckt. Die Augen waren wahrscheinlich braun gefärbt und lagen seitlich am Kopf, was eine 360-Grad-Rundumsicht ermöglichte. Das Sehvermögen war nicht besonders ausgeprägt, der Geruchssinn war aber sehr fein. Die langen Beine endeten in Hufen, die jeweils aus zwei Paar langen Schalen bestanden. Wie auch Felsenzeichnungen belegen, jagten die Menschen die Riesenhirsche mit primitiven Speeren in die Wälder, wo sie sie leichter töten konnten.

Der Riesenhirsch starb während der letzten Eiszeit aus. Funde belegen, dass er zuletzt vor rund 9.500 Jahren in Irland lebte. Über die Gründe des Aussterbens gibt es viele Theorien, auch z. B. dass sein Geweih zu groß war. Eine Ursache dürfte aber die im Zusammenhang mit der Klimaerwärmung stehende Ausbreitung der Wälder gewesen sein.

Mesopotamischer Damhirsch

Dieser wurde schon um 4000 v. Chr. von den Sumerern, Babyloniern und Assyrern als Opfertier gehalten. Von den assyrischen Königen wird behauptet, dass sie um 2000 v. Chr. Damwild, halb domestiziert, in Parks hielten und deren Milch dem Gott Ninginsu opferten. Auch auf zahlreichen antiken Plastiken, Reliefs, Siegeln und Münzen sind Damhirsche abgebildet, eine bis zu 2.000 Jahre alte Abwurfstange befin-

Urmenschmuseum Steinheim/Deutschland

Geweih des Mesopotamischen Damhirsches

det sich über dem Eingang des Serails in Isfahan. Der Mesopotamische Damhirsch war vom südlichen Iran über Jordanien bis nach Ägypten weitverbreitet, verschwand aber mit der Zerstörung der Wälder nach dem Zerfall der antiken Hochkulturen. 1875 n. Chr. wurde er im südwestlichen Iran wieder entdeckt und dann längere Zeit nicht gesehen. Erst 1957 fand eine Expedition einen Trupp von 20 bis 30 Tieren in den Reliktwäldern an den Flüssen Dez, Karchez und Karoun im iranisch-irakischen Grenzgebiet. Durch die Abholzung dieser Wälder im Rahmen der Entwicklungshilfe der 1970er-Jahre wurde der Lebensraum des Mesopotamischen Damhirsches zerstört. Die Behörden haben die letzten Tiere ab 1963 eingefangen, im Gatter Dasht-e-Naz bei Sari am Kaspischen Meer weitergezüchtet und später Tiere auf der Insel Aschk im Urmiasee sowie in Semeskandeh ausgesetzt. Im Ersten Golfkrieg wurde das Mesopotamische Damwild wiederum beinahe ausgerottet, mittlerweile konnte sich durch Schutzmaßnahmen ein halbwilder Bestand von ca. 140 Tieren im Iran aufbauen. Auch in einigen europäischen Zoos finden sich Mesopotamische Damhirsche, die auf Tiere aus dem Park des Herzogs von Bedford (seit 1904) und dem Opel'schen Wildforschungsgehege

Mesopotamischer Damhirsch

Kronberg/Taunus (seit 1957/58) zurückgehen. In Österreich wurden etwa im Wildpark Altenfelden Mesopotamische Damhirsche gehalten, jetzt sind aber leider nur mehr deren Trophäen zu besichtigen. Besonders spektakulär verlief eine bewaffnete israelische Expedition, die im iranischen Revolutionsjahr 1978 vier Tiere aus Dasht-e-Naz mit Hubschraubern entführte. Diese Tiere bildeten den Grundstock für eine größere israelische Zucht.

Das Mesopotamische Damwild liebt offene Wälder mit guter Deckung. Es ist nachtaktiv, hat eine frühere Brunft- (August) sowie frühere Setzzeiten (März/April) und ist größer als sein europäischer Verwandter: Das Gewicht des Mesopotamischen Damhirsches beträgt bis zu 150 kg, seine Körperlänge 1,50 bis 2,50 m, seine Schulterhöhe 90 bis 140 cm. Er hat ein mehr schaufelartig verbreitertes Geweih mit stark ausgeprägter Mittelsprosse und bereits an den Augsprossen beginnender Schaufel und einen etwas längeren Wedel sowie meist eine geringere Fleckung (auf bräunlich-olivgrüner Decke).

Verbreitung in Europa

Wegen seiner gepunkteten Decke und des typischen Geweihs wurde dem Damhirsch im Altertum kultische Bedeutung zugemessen. So wurde er der Legende nach auf die Insel Rhodos gebracht, um Schlangen mit seinen Hufen zu bekämpfen.

Im Alten Testament wird Damwild ebenso erwähnt wie später von Aristoteles und Plinius. In der Antike führten die Phönizier, zwischen 150 und 450 n. Chr. die Römer, Damwild in den Ländern des Mittelmeerraums ein. Es wird angenommen, dass römische Legionen den Damhirsch vom Balkan und aus Kleinasien nach Italien, Spanien, Frankreich, Westdeutschland und England brachten. Die Tiere wurden jedoch nicht der Jagd wegen eingeführt, sondern quasi

Rhodos – Damhirsch-Statue im Hafen

als lebende „Kühlschränke" in Gehegen gehalten. Dazu bemerkt der römische Schriftsteller Columella im 1. Jhdt. n. Chr., dass es schon ein „schöner alter Brauch" sei, Gehege für Wildtiere anzulegen, damit „das eingeschlossene Jagdwild durch seinen Anblick die Augen des Besitzers erfreue und man es bei Bedarf für die Mahlzeit wie aus dem Vorratsraum holen könnte".

Während des Mittelalters wurde Damwild durch die Normannen von Sizilien aus nach Mitteleuropa und Großbritannien gebracht. Aus England wurden einige Tiere nach Dänemark und von dort im 16. Jahrhundert nach Schleswig-Holstein überstellt. Damwild wurde zunächst nur in Wildgehegen und Tiergärten gehalten. Der erste österreichische Damwildhalter war Johann Maximilian Herberstein, der Mitte des 17. Jahrhunderts Damwild aus Italien – der Heimat seiner Mutter – in den steilen Hängen der oststeirischen Feistritzklamm ansiedelte. Erst nach 1800 kam Damwild auch in freier Wildbahn vor. Auch in anderen Regionen wurde das Damwild nach und nach in Gattern einge-

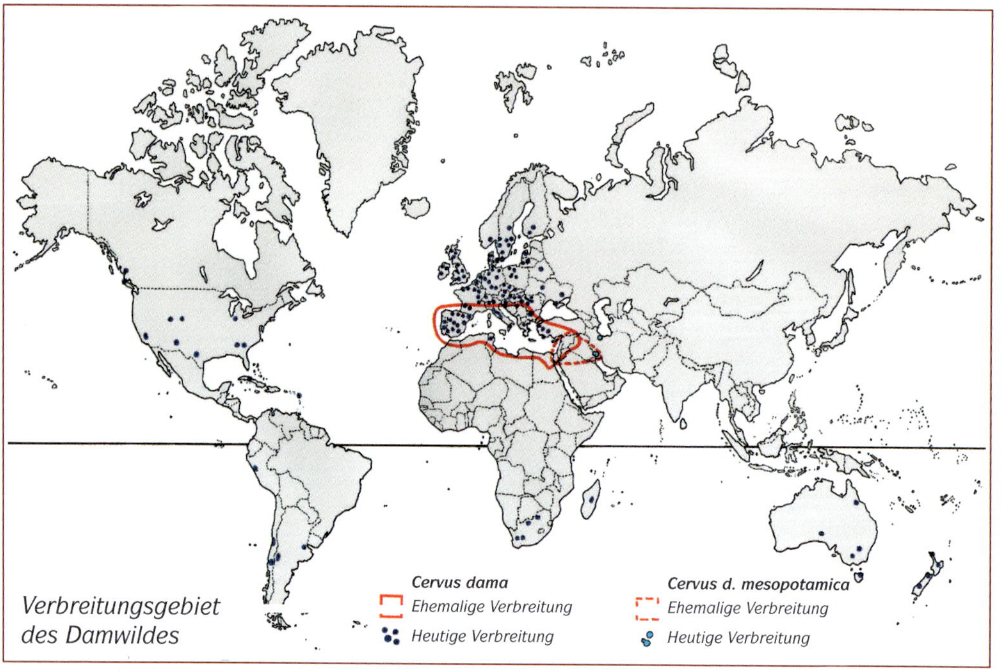

bürgert, doch da in Mittel- und Süddeutschland, Österreich und der Schweiz genügend Rotwild vorhanden war, gab es keinen Bedarf nach einer „Ersatzwildart" wie im wald- und damit rotwildarmen Norden. Das erklärt auch die heutige lokale Verbreitung.

Vorkommen in Österreich, Deutschland & der Schweiz

Damwild kommt in freier Wildbahn in **Österreich** nur sporadisch vor, wie die Jagdstatistik auf Seite 45 zeigt.

Dennoch gibt es viele Berührungspunkte zwischen der Jagd und der Gehegewildhaltung. So sind bundesweit 57 % der Gehegebetreiber auch Jäger. Außerdem vermarkten beide Wirtschaftszweige im Wesentlichen das gleiche Produkt, wenn auch in unterschiedlicher Menge.

Neben der Damwildstrecke von 712 Stück wurden im Jahr 2012/13 rund 282.102 Stück Rehwild, 59.034 Stück Rotwild, 20.410 Stück Gamswild, 2.300 Mufflons und 610 Stück Sikawild erlegt. In diesem Jagdjahr fielen allein 38.738 Rehe dem Straßenverkehr zum Opfer. Im Vergleich dazu macht sich die jährliche „Gehegewildstrecke" mit 41.000 Stück bescheiden aus.

In **Deutschland** gibt es derzeit rund 80.000 Stück Damwild in freier Wildbahn, womit Deutschland den höchsten Bestand in Europa hat. Am weitesten verbreitet ist Damwild in den nördlichen und östlichen Bundesländern.

In der **Schweiz** kommt Damwild in freier Wildbahn nicht vor.

Damwildstrecke aus freier Wildbahn

Bundesland	2010/11 insges.	2011/12 insges.	2012/13 insges.	davon Hirsche	davon Tiere	davon Kälber
Burgenland	79	59	81	30	25	26
Kärnten	39	17	36	17	19	-
Niederösterreich	342	379	431	151	158	122
Oberösterreich	33	15	16	4	10	2
Salzburg	1	5	8	7	30	6
Steiermark	50	68	97	48	13	19
Tirol	-	-	-	-	-	-
Vorarlberg	-	-	2	1	1	-
Wien	48	67	23	4	14	5
Österreich ges.	**592**	**610**	**712**	**262**	**270**	**180**

Verwandte

Damwild (lat. *Dama dama*) gehört in der Ordnung der Paarhufer (Artiodactyla) zur Familie der Hirsche (Cervidae). In der Klasse der Säugetiere gehören Hirsche (Cervidae) zu den Paarhufern in der Unterordnung der Wiederkäuer. Dabei gibt es vier verschiedene Unterfamilien und 16 Gattungen und bis zu 45 rezente Arten. Die vier Unterfamilien sind die Muntjaks (Muntiacinae), Wasserrehe (Hydropotinae), Trughirsche (Odocoileinae) und Echte Hirsche (Cervinae). Weltweit gibt es zumindest 36 verschiedene Hirscharten.

Damwild gehört jagdlich gesehen zur Gruppe des **Haarwildes** und als Paarhufer zum wiederkäuenden **Schalenwild**. Es zählt neben dem Rotwild, Sikawild, Rehwild und Elchwild zu den **Hirschartigen**.

Wapiti

Muntjak

Elch

Der Elch (*Alces alces*) ist die größte Hirschart der Welt. In Europa erreicht er eine Widerristhöhe von 1,90 m und ein Gewicht von 400 kg. Die größte Rasse, der Alaska-Riesenelch, wird bis zu 2,30 m groß, 3,50 m lang, 800 kg schwer und kann eine Geweihauslage bis zu 2 m erreichen. Elche leben im Norden von Europa, Asien und Amerika in laubholzreichen, bruchartigen Wäldern mit Sümpfen und Seen. In Mitteleuropa ist der Elchbestand seit dem Mittelalter stark zurückgegangen, Elche kommen im Norden Österreichs aber gelegentlich als Wechselwild vor. Der Elchbestand in Skandinavien ist hingegen dank strenger Schutzmaßnahmen nicht gefährdet. Schon seit Jahrhunderten versucht man, Elche als Reit- und Zugtiere zu verwenden. Da von klein auf aufgezogene Tiere sehr zahm werden, lassen sie sich auch zum Teil abrichten. In unwegsamem Gelände werden sie als Reittiere verwendet. Außerdem können Elchkühe gemolken werden und bringen einen hohen Fleischertrag.

Elch

Rentier

Rentier

Das Rentier (*Rangifer tarandus*) ist seit dem 9. Jahrhundert als Haustier der Samen, bei uns besser bekannt als Lappen, belegt und ist somit der einzige unbestritten domestizierte Hirsch. Sein Verbreitungsgebiet liegt vor allem in der Tundra und Taiga. Rentiere haben zahlreiche Unterarten ausgebildet und erreichen ein Körpergewicht von 60 bis 300 kg, eine Länge von 1,20 bis 2,20 m und eine Größe von bis zu 1,30 m. Rentiere werden über zehn Jahre alt und haben eine Tragezeit von rund 288 Tagen. Beide Geschlechter tragen ein Geweih. Eine Besonderheit der Rentiere ist eine lockere Sehne, die beim Gehen über das Knöchelgelenk schnellt. Dabei entsteht ein klickendes Geräusch.

Rehwild

Das Reh (*Capreolus capreolus*) ist die in der mitteleuropäischen Kulturlandschaft am weitesten verbreitete Schalenwildart. Es hat drei Un-

Rch

terarten ausgebildet, wobei unser heimisches Reh eine Widerristhöhe von 70 cm, eine Länge bis zu 1 m und ein Gewicht von 25 kg erreicht. Eine Besonderheit ist die unterbrochene Tragzeit: Die befruchtete Eizelle wandert zwar sofort in die Gebärmutter, allerdings ohne sich dort festzusetzen. Erst nach einer Keimlingsruhe von etwa fünf Monaten nistet sich der in seiner Entwicklung stehen gebliebene Keimling in der Gebärmutterwand ein, und die Kitze werden nach einer Tragezeit von neun bis zehn Monaten im Mai/Juni gesetzt. Rehe sind wegen ihrer Futteransprüche und Aggressivität für die Gehegehaltung nicht geeignet, ihr Wildbret ist am ehesten mit dem des Damwildes vergleichbar.

Davidshirsch

In freier Wildbahn ist der Davidshirsch oder Milu (*Elaphurus davidianus*), der früher Sumpfgebiete in Nordost-China bewohnte, infolge von Überschwemmungen des Hun-Ho-Flusses (1894/95) und der Boxeraufstände (1939) ausgerottet. Der französische Jesuitenpater Armand David entdeckte 1865 den nach ihm benannten Hirsch im kaiserlichen Jagdpark Nan-Hai-Tse südlich von Peking und hielt ihn für eine Art Rentier. Als Geschenk des Kaisers von China gelangten in den folgenden Jahren Davidshirsche nach Frankreich, England und Deutschland. In England bemühte sich der Herzog von Bedford auf seinem Gut Woburn Abbey um die Zucht. Auf diese Herde gehen alle heute noch vorhandenen Bestände des Davidshirsches zurück. Aus Woburn Abbey stammen auch die größeren Herden (in der Steiermark u. a. in Hall/Admont), die seit den 1970er-Jahren den Grundstock der österreichischen Davidshirsch-Bestände bilden. Davidshirsche unterliegen nicht dem Jagdgesetz und werden auch in landwirtschaftlichen Gehegen gehalten. Sie eignen sich als fleischstarke Tiere besonders in Gebieten mit starkem Rotwildvorkommen sowie für feuchte Wiesen.

Davidshirsch

Aussehen

Die Widerristhöhe des Davidshirsches beträgt rund 1,15 bis 1,90 m, sein Gewicht 200 bis 280 kg. Die Gestalt erinnert an die des Rothirsches. Der langgestreckte Kopf hat eine große Voraugendrüse. Der Hals ist kurz, der Schwanz reicht fast bis zur Ferse. Die Schalenhufe sind weit gespreizt, die Afterklauen berühren den Boden. Beim Laufen entsteht ein knisterndes Geräusch, ähnlich dem der Rentiere. Die Fellfärbung ist im Winter fahlbraun, im Sommer hell rötlich-braun. Das Geweih hat nach hinten gerichtete Verzweigungen. Die erste Verzweigung ist fast so groß wie die Hauptstange, sie bildet ihrerseits nach hinten weisende Sprossen. Das Geweih wirkt „verkehrt".

Fortpflanzung

Außerhalb der Brunftzeit bildet der Davidshirsch große Herden. Die Brunft findet im Juni und Juli statt. Die Tragzeit dauert rund 250 bis 300 Tage. Im April werden ein oder zwei Kälber gesetzt. Davidshirsche benötigen, wie schon angesprochen, Feuchtgebiete und Gewässer und erreichen ihre Geschlechtsreife mit zwei Jahren.

Davidshirsch

Sikawild

Das in Ostasien heimische Sikawild (*Cervus nippon*) wurde seit dem Ende des 19. Jahrhunderts in verschiedene Länder Europas, in die USA, nach Australien und Neuseeland importiert. Die gegenwärtigen österreichischen Vorkommen beschränken sich auf Niederösterreich und gehen auf insgesamt weniger als zehn Stück Gatterwild zurück. Diese Tiere kamen 1907–1910 als Geschenk des japanischen Tenno an Kaiser Franz Joseph in das Gehege der Habsburger in Persenbeug/Donau. Das Sikawild verblieb bis zum Zweiten Weltkrieg in den Gattern. Mit Kriegsende wurden etliche Tiere freigelassen bzw. die Gatter verfielen während des Krieges und die Tiere kamen frei. In freier Wildbahn – unter anderem in den Donauauen und feuchten Waldgebieten – vermehrte sich das Sikawild rasch und gegenwärtig kann mit einer Stückzahl von mehr als 1.000 Tieren gerechnet werden. Sikawild eignet sich zur Gehegehaltung und wird auch gemeinsam mit Damwild gehalten.

Aussehen

Bis auf das Geweih ähnelt das Sika- sehr stark dem Damwild. Die Widerristhöhe der Sikahirsche schwankt von 75 bis 110 cm, ihr Gewicht von 22 bis 110 kg. Die größten Rassen sind der Dybowskihirsch aus dem südlichen Ussurigebiet und der Mandschurische Sika. Die kleinsten Tiere kommen auf Taiwan und in Japan vor. Das Geweih des Sikahirsches kann bis zu zehn Enden aufweisen und ähnelt dem des Rothirsches. Im Bast ist das Geweih rot gefärbt. Das Fell der Dybowskihirsche ist weiß gefleckt. Im Winter verschwinden die weißen Flecken in der dunkelgraubraunen Grundfarbe. Das Sommerfell ist leuchtend rot- bis kastanienbraun. Über den Rücken läuft ein dunkler Aalstrich, der sich in der schwarzen Schwanzoberseite fortsetzt. Der weiße Spiegel ist schwarz eingefasst.

Sikawild

Fortpflanzung

Sikawild ist mit 18 bis 24 Monaten geschlechtsreif. Die Brunft dauert von November bis Dezember, der Brunftlaut ist ein schriller Schrei. Nach einer Tragzeit von durchschnittlich 223 Tagen bzw. 32 Wochen wird im Juni/Juli ein geflecktes Kalb gesetzt. Zwillingsgeburten sind eine Ausnahme.

Bedeutung

In Japan ist Sikawild ein beliebtes Parkwild, das halbzahm wird. Es ist gesellig, standorttreu, suhlt sehr gerne und geht regelrecht zum Baden ins Wasser. Eine bedeutende Rolle spielen verschiedene Sika-Rassen für die Pantengewinnung. Die mit Sexualhormonen angereicherten Bastgeweihe werden den Hirschen abgesägt. Die getrockneten und pulverisierten Bastgeweihe (Panten) spielen eine bedeutende Rolle in der Volksmedizin Ostasiens. Panten wird dementsprechend gut bezahlt, sodass die Pantenjagd die Bestände ostasiatischer Hirscharten ernsthaft bedroht. Da die Hirsche so selten geworden sind, dass sich die Jagd oft nicht mehr lohnt, wurden in vielen Teilen Chinas, Sibiriens und anderer asiatischer Länder Hirschfarmen zur Pantengewinnung eingerichtet.

Rotwild

Rotwild ist von Skandinavien über die britischen Inseln sowie Mittel- und Westeuropa bis nach Spanien und Nordafrika verbreitet. Es ist aber auch in Asien vom Kaukasus bis nach Tibet heimisch. In zahlreichen Ländern wurde Rotwild eingebürgert – unter anderem in Neuseeland, Australien, Argentinien, Chile und den USA – und verursacht dort mitunter große ökologische und landwirtschaftliche Probleme. Auch in der zersiedelten und vielerorts eintönigen Waldlandschaft Mitteleuropas richtet Rotwild vereinzelt gravierende Schäden an. Die Trophäe eines kapitalen Rothirsches ist die wohl begehrteste Jagdbeute in mitteleuropäischen Revieren, weshalb die jagdliche Bewirtschaftung manchmal zu stark auf die Erzielung kapitaler Geweihe ausgerichtet ist. In der landwirtschaftlichen Wildhaltung der deutschsprachigen Länder hat Rotwild hingegen als zuwachsstarke Wildart mit guter Fleischleistung Bedeutung.

Rotwildfamilie

Rot- und Damhirsch

Aussehen

Der Mitteleuropäische Rothirsch (*Cervus elaphus*) erreicht eine Widerristhöhe von 1,25 m und ein Gewicht von 250 kg. Andere Unterarten werden beträchtlich größer und schwerer. Eine bekannte Unterart des Rothirsches ist der im Kaukasus heimische Maral. Das Sommerfell ist leuchtend rotbraun. Der gelblich-weiße Spiegel wird an der Hinterseite der Schenkel meist von einem schwarzen Rand eingefasst. Der Haarwechsel findet im April/Mai bzw. September/Oktober statt. Das Winterfell ist graubraun. Der kurze Wedel ist manchmal etwas dunkler gefärbt als der Spiegel. Albinos sind selten, es gibt auch keine reine Schwarzfärbung.

Geweih

Die imposante Kronenbildung ist kennzeichnend für den Mitteleuropäischen Rothirsch. Beim Zählen der Enden nimmt man die Geweihstange mit den meisten Enden. Das erste Geweih entsteht zwischen dem 7. und 14. Lebensmonat, allerdings fehlt die Rose. Im Alter von zwei Jahren wirft der Hirsch dieses Geweih ab. Im nächsten Geweih bildet die Augsprosse mit der Stange einen spitzen Winkel. Bei den folgenden Geweihen wird dieser Winkel immer flacher. Die Geweihe werden im Februar oder März abgeworfen. Mit 12 bis 14 Jahren erreicht der Hirsch sein stärkstes Geweih mit einem Gewicht bis zu 15 kg. Endenzahl und Stangenumfang nehmen ab.

Lebensweise

Rothirsche bevorzugen Gras- und offene Waldlandschaften im Hügelland und Gebirge. Im Hochgebirge lebt die Art im Sommer auch oberhalb der Baumgrenze. Rothirsche bilden Herden aus Jungtieren und erwachsenen weiblichen Tieren, kapitale Hirsche leben oft als Einzelgänger. In unserer Kulturlandschaft ist Rotwild scheu und nachtaktiv. Im Sommer suchen die Hirsche gern Wasser- oder Schlammlöcher (Suhlen) auf, um Insekten abzuwehren und sich zu kühlen. Rotwild frisst im Winter Laub, abgestorbene Gräser und Beeren, Knospen, Zweige und Rinde, im Sommer Gräser, Laub und Kräuter und im Herbst Eicheln, Kastanien und andere Früchte.

Röhrender Hirsch

Fortpflanzung

Die Brunft des Rotwildes dauert von September bis Anfang Oktober. Dabei kommt es zu heftigen Brunftkämpfen, die gelegentlich zu starken Verletzungen führen. Während der Brunft röhren die Hirsche mit einem imposanten Ruf. Die Tragzeit dauert ca. 237 Tage. Das Tier setzt im Mai oder Juni ein Kalb. Zwillinge werden selten geboren. Die Hirschkälber sind zwar schon nach wenigen Stunden in der Lage, der Mutter zu folgen, doch werden sie in den ersten zwei Lebenswochen noch abgelegt. Das Tier sucht das Kalb zum Säugen auf. Wenn das Kalb Hunger hat, öffnet es als Geruchssignal seine Voraugendrüsen. In dem Maße, wie es gesättigt ist, schließen sich die Voraugendrüsen wieder. Das Kalb wird etwa acht Monate lang gesäugt. Das Höchstalter des Rothirsches beträgt 18 bis 20 Jahre.

Gehegehaltung von Rotwild

Der Rothirsch ist der freie König unserer Wälder – so lautet das Klischee. Tatsächlich erfordern die naturräumlichen Voraussetzungen in Mitteleuropa mittlerweile eine durchorganisierte wildökologische Raumplanung. Nach wissenschaftlichen Erkenntnissen wird festgelegt, in welchen Gebieten Rotwild ständig (Standwild), zeitweise (Wechselwild) oder gar nicht mehr (rotwildfreie Zonen) vorkommen darf bzw. soll. Wegen des weitgehenden Wegfalls der weitgedehnten Aulandschaften an den großen Flüssen, wie der Donau, als Winterlebensräume sind die jagdlich gewünschten Rotwildbestände in den Alpen nur mittels Winterfütterung aufrechtzuerhalten. Diese erfolgt an freien Fütterungen oder in Wintergattern, in welchen Rotwild von Oktober bis Mai gehalten und gefüttert wird. Wintergatter sind jagdliche Einrichtungen und nicht zu verwechseln mit landwirtschaftlichen Rotwildgehegen.

Rotwild als Farmwild unterliegt wesentlich strengeren Tierschutz- und Hygienebestimmungen, daher sind diese beiden Haltungsformen streng voneinander zu trennen.

PRAXISTIPPS: Auswahl der geeigneten Wildart

- Neben den in diesem Buch nicht behandelten Wildtieren, wie Schwarzwild, Mufflons, Fasanen, Strauße o. Ä., hat ein angehender Gehegebetreiber vor allem die Wahl zwischen Dam-, Rot-, Sika- und Davidshirschen.
- **Damwild** ist gerade für Neueinsteiger die **einfachste Wildart**, mit der auch wir seit 2001 arbeiten. Die Vorzüge und Nachteile des Damwilds werden in diesem Buch ausführlich vorgestellt.
- **Rotwild** bringt **höhere Fleischerträge**, hat jedoch nicht so feines Fleisch und wirft daher niedrigere Fleischpreise ab. Für Vollerwerbsbetriebe ist die Rotwildhaltung unter geeigneten Rahmenbedingungen **meist wirtschaftlicher** als die Damwildhaltung.
- Rothirsche werden aber nicht nur des Fleisches wegen, sondern oft wegen ihres Geweihes gehalten. Wie in Jagdgattern auch wird mit gezielter Zucht und spezieller Fütterung ein kapitaler Trophäenhirsch produziert, der dann narkotisiert an die Jagd bzw. dessen Abschuss im Gehege mit gutem Gewinn verkauft wird. Diese Wirtschaftsweise ist meist weder gesetzlich gedeckt noch ist sie weidgerecht, in der Praxis kommt sie jedoch immer wieder vor und bringt so die landwirtschaftliche Wildhaltung insgesamt in Verruf.
- Da **Rotwild** vielerorts in freier Wildbahn vorkommt und nicht alle Gehegebetreiber ihre Gatter dicht halten, führt die Rotwildhaltung mancherorts zu Spannungen mit Jägern vor Ort und mit Behörden. Die Haltung ist **aufwendiger**: Zäune müssen höher und stabiler sein, zusätzliche Einrichtungen wie Suhlen sind erforderlich. Rotwildhalter sollten bereits über Erfahrung in der Wildhaltung und über solide jagdliche Kenntnisse verfügen.
- Als Alternative zu Rotwild bieten sich **Davidshirsche** an. Sie führen zu keinen Konflikten mit der Jägerschaft, weil sie in freier Wildbahn nicht vorkommen und sie eignen sich besonders auch für **Feuchtwiesen**.
- Ähnlich dem Damwild ist das **Sikawild**, das eine etwas **höhere Fleischausbeute** haben soll.
- Um die ideale Wildart für die jeweiligen Gegebenheiten zu finden, haben wir – neben intensivem Studium von Fachbüchern – Erfahrungen und Ratschläge vor allem der ansässigen Wildhalter und Jäger eingeholt und bestehende Gehege besichtigt.
- Tiere, deren wirtschaftlicher Zweck letztlich die Schlachtung zur Fleischproduktion ist, sollten nicht als Streichelzoo gehalten werden. Trotzdem ist es gut, keine allzu scheuen Tiere zu halten, da sie schwerer zu beobachten, zu behandeln und zu töten sind. Bereits bei der Auswahl des Erstbesatzes sollte daher darauf geachtet werden, dass die Zuchttiere **mit Menschen vertraut** sind.

Biologie und Verhalten

Körperliche Merkmale

Das Skelett des Damwildes

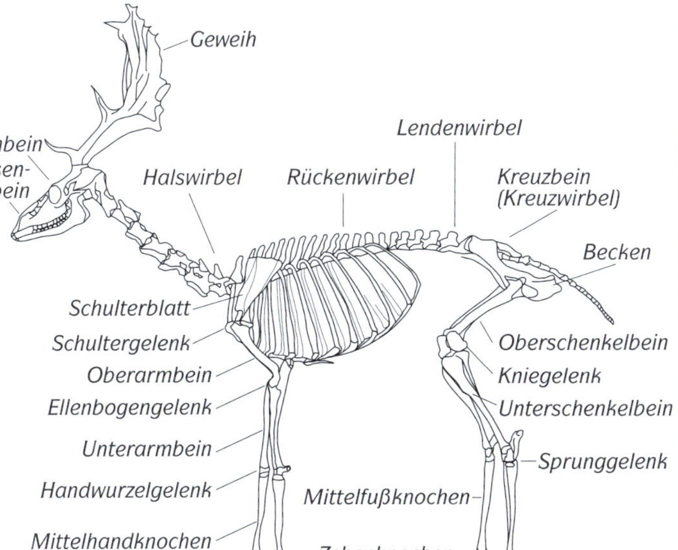

Verdauungssystem eines Wiederkäuers

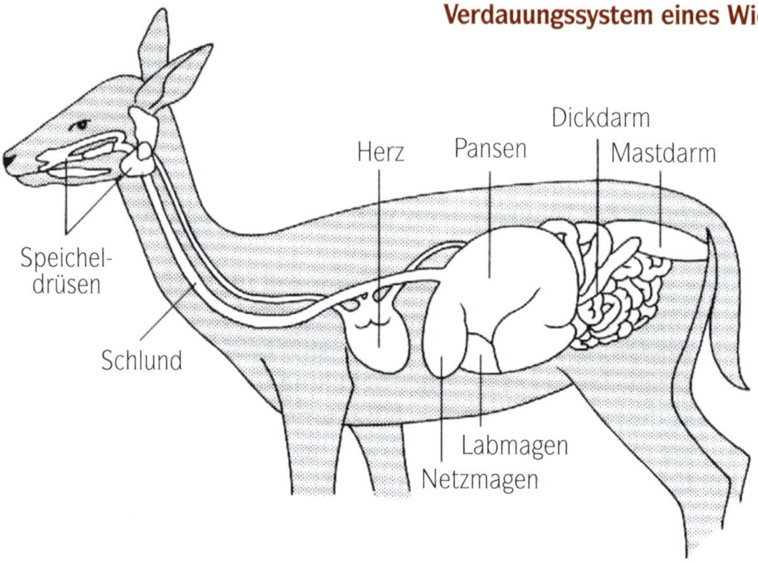

Damhirsch und Damtier im Sommerfell

Steckbrief des Europäischen Damwildes (*Cervus dama dama*)

Bezeichnung	Beschreibung
Aussehen	Mittel- bis hochbeinig Bei Tieren Beckenüberhöhung 3–6 cm („Überbauter Körper") Gedrungener Körper Gedrungener Hals mit vorspringendem Kehlkopf Deutlich hervortretende Halswirbel Kurzer Kopf Große Augen; gut ausgebildete Voraugendrüsen Deutlich gestreckte Mittelhand- und Mittelfußknochen Kurzer Wedel (15–20 cm)
Körperlänge	130–175 cm (Einjährige 110 cm), in Extremfällen bis 230 cm
Körperbreite	15–20 cm
Größe	Mittelgroß, Schulterhöhe 75–105 cm, in Extremfällen bis 120 cm
Körpergewicht	30–100 kg, in Extremfällen bis 200 kg
Färbung (Sommerfell)	Meist gefleckt Oberseite hell rostbraun mit hellen cremefarbigen Tupfern Helle Streifung der Flanken Dunkler Aalstrich Cremefarbige Bauchseite Oberschenkel an der Hinterseite weiß mit beidseitig schwarzer Umrandung Rostbraune Schwanzoberseite Weiße Schwanzunterseite, hebt sich im Sommer vom helleren Spiegel ab
Winterfell	Oberseite dunkelgrau bis braun Kontrast und Tupfen verschwimmen, verschwinden aber nicht ganz Helle Bauchpartien werden graubraun
Schwarze und weiße Tiere	Ganzjährig schwarz Ganzjährig porzellanfärbig
Haarwechsel	Im Frühjahr: März bis Mai; geht relativ langsam vor sich Im Herbst: Anfang September bis Mitte Oktober (weibliche Tiere) bzw. bis Anfang November (Hirsche)
Nasenspiegel	Hautmuster über der Oberlippe zwischen den Nasenlöchern, von Geburt an unverändert und unbeeinflussbar
Gebiss	Bei Geburt unten 6 Schneide-, 2 Eckzähne, 3 Vormahlzähne in Ober- und Unterkiefer in Ausbildung Dauergebiss mit 32 Zähnen ist bis zum 3. Jahr vollständig ausgebildet Weder Schneide- noch Eckzähne im Oberkiefer

Bezeichnung	Beschreibung
Altersbestimmung	Ab dem 3. Jahr über die Abnutzung der Backenzähne Auch über die Länge der Unterkieferäste (wachsen ca. bis zum 6. Lebensjahr)
Geweihabwurf	Anfang April bis Ende Mai (Kälber Ende Mai bis Mitte Juli)
Geweihbildung	2 Phasen der Geweihbildung: Bildung der Rosenstöcke (dauerhaft) und Geweihentwicklung mit jährlichem Wechsel Licht steuert Geweihwachstum und -abwurf Bei männlichen Kälbern Spießbildung von Februar bis August Bei älteren Hirschen Geweihbildung ab Anfang April Geweihbildung dauert 4 bis 4½ Monate Kolbenphase (Bastgeweih) dauert 70 bis 120 Tage
Fegen	Ende August bis Anfang September
Tragedauer	Gut 8 Monate vom Fegen bis zum Abwurf
Geweih	Länge: 75 cm (ausgewachsener Hirsch) Gewicht: bis zu 4 kg Schaufelartige Verbreiterung mit zunehmendem Alter (Auslage bis 60 cm)
Sehvermögen	Bis 700 m, Nachtsichtvermögen wie der Mensch
Geruchssinn	Bis 200 m, abhängig von der Luftfeuchte
Gehör	Weniger gut ausgeprägt; Hören führt zu Sichern
Brunft	Mitte Oktober bis November, Brunftlaut: Rülpsen/Schnarchen
Tragzeit	33 Wochen/7–8 Monate/230 Tage; Tragfähigkeit bis 20 Jahre
Setzzeit	Juni/Juli; vereinzelte Spätgeburten bis in den Oktober
Säugen	Vorwiegend bis zum 4. Lebensmonat bzw. bis zur Brunft, aber auch noch danach
Lebensalter	Bis 30 Jahre
Nahrung	Gras, Kräuter, junge Triebe, Früchte, Knollen, Futterpflanzen, Blätter
Verbreitung	Früher in allen mediterranen Ländern Europas und Nordafrikas Heute v. a. in Norddeutschland und Ungarn Eingebürgert in Zypern, Tunesien, Südafrika und Madagaskar, Australien, Neuseeland, Fidschi, Argentinien, Chile, Peru, Barbados, Kuba sowie einigen Bundesstaaten der USA Weltweite Population ca. 200.000 Tiere
Lebensraum	Offene Laub- und Mischwälder mit starkem Unterwuchs als Deckung
Feinde	V. a. Luchs, Wolf
Besondere Eigenschaften	Fruchtbar, langlebig, gute Futterverwertung, gutartig, gesellig, wenig störungsempfindlich, tagaktiv, anpassungsfähig, wenig krankheits- und parasitenanfällig, geringe Inzuchtdepression
Fleisch	Hellrotbraun, hervorragende Fleischqualität, feiner Wildgeschmack, kurzfaserig, zart, wenig marmoriert, saftig, fettarm, eiweißreich

Gestalt/Gewicht

Der Damhirsch gehört zu den mittelgroßen Hirscharten und ist in seiner Gestalt gedrungener als der Rothirsch und das Rehwild. Hingegen wirken die Damtiere schlank und leicht. Die Schulterhöhe beträgt bei erwachsenen Tieren 75 bis 105 cm, die Körperlänge 130 bis 175 cm. Einjährige Kälber haben eine Körperlänge von 110 cm.

Körpergewicht in kg nach Reinken

Alter	Weiblich	Männlich
Ende des 1. Jahres	22 (7–31)	20 (5–25)
1./2. Jahr	31 (18–47)	43 (16–57)
2./3. Jahr	38 (23–54)	50 (28–78)
Über 5 Jahre		70 (43–103)

Farbe

Von allen Hirscharten weist das Damwild die größten Farbvariationen auf. **Schwarzes Damwild** ist im Sommer schwarz, ausgenommen Bauchunterseite und Läufe, die graubraun sind. Im Winter ähnelt es jedoch den normalfarbigen Tieren. Schwarzes Damwild gilt ebenso wie **weißes Damwild** als weniger robust. Außerdem wird ihm schlechtere Fruchtbarkeit nachgesagt. Diese Behauptungen können wir jedoch in unserem Gehege nicht bestätigen. Die weiße Farbe lässt in der Regel nicht auf Albinos schließen, da die Augen nicht – wie bei Albinos üblich – aufgrund des Pigmentmangels rötlich sind. Weiße Damwildkälber sind im ersten Lebensjahr sandfarben und werden erst im darauffolgenden Jahr mit der Sommerfärbung weiß. Im Gehege gibt es diese Färbung öfter als in freier Wildbahn. Das ist zum einen auf die Zucht zurückzuführen, hat aber zum anderen auch mit der Tarnung zu tun. Dunkle Grundfarbe mit heller Fleckung ist ein gutes Element der Tarnung für Tiere, die wie Damwild in Grassteppe oder Buschland leben. Bei weißen und schwarzen Tieren fällt dieser Schutz weg, und sie können somit leichter von Feinden entdeckt werden.

Hell- und dunkelbraune Farbtöne gelten als „Normalfärbung". Die Unterseite des Trägers, der Bauch und die Innenseiten der Läufe sind hell weißlich. Der Rücken weist einen typischen dunklen Strich, den Aalstrich, auf. Die Oberseite des Wedels ist dunkel, der Spiegel weiß mit einer schwarzen Umrandung und auch der ca. 20 cm lange Schwanz ist schwarz umrandet.

Damwildherde zur Zeit des Haarwechsels im Frühjahr

Im Winter verfärbt sich die Decke graubraun. Während bei den dunkelbraunen Tieren die Fleckung zur Gänze verschwindet, kann sie bei den hellbraunen erhalten bleiben.

Der **Haarwechsel** im Frühjahr beginnt im März und dauert in etwa 40 Tage. Dabei kommt es vor allem auf die Witterungsverhältnisse, den Standort, den Ernährungszustand sowie das Alter an. Die Verfärbung beginnt bei den Läufen, dann folgen Kopf, Hals und schließlich der Rumpf. Den Tieren gehen die langen Winterhaare büschelweise aus, während sich darunter bereits das kurze Sommerfell bildet. In dieser Zeit schauen die Tiere für das ungeübte Auge zerrupft und krank aus, sind es aber in der Regel nicht. Dennoch ist in dieser Zeit ein erhöhtes Ausfallsrisiko durch die mehrfache Belastung – Haarwechsel, Futterumstellung, Aktivierung von Nematoden u. Ä. – zu beachten. Der herbstliche Haarwechsel beginnt, ebenso abhängig von den Temperaturen, Anfang bis Mitte September, beim Hirsch jedoch erst Anfang November, und dauert 40 bis 50 Tage.

Geweih

Der Damhirsch trägt ein Geweih, das jährlich im April/Mai abgeworfen wird. Das Damtier ist kahl. Man unterscheidet zwei Phasen der Geweihbildung: die Bildung der dauerhaften Rosenstöcke und die Geweihentwicklung mit jährlichem Wechsel. Geweihwachstum und -abwurf werden durch das Licht gesteuert.

Bei männlichen Kälbern dauert die Spießbildung von Februar bis August, bei älteren Hirschen beginnt die Geweihbildung erst Anfang April, wobei sie insgesamt vier bis viereinhalb Monate dauert. Die Kolbenphase, in der der Hirsch das Bastgeweih trägt, dauert 70 bis 120 Tage. Die Fegezeit ist Ende August bis Anfang September. Dabei wird der Bast zunächst durch vorsichtiges, danach durch kräftigeres Reiben an Sträuchern und Ästen entfernt. Auf diese Weise erhält das Geweih seine braune Farbe. Gerade in dieser Phase ist es sehr wichtig, im Gehege genügend Holz und Äste zur Verfügung zu stellen, da ansonsten die Vegetation arg in Mitleidenschaft gezogen wird. Mit zunehmen-

Neben der typisch gefleckten Braunfärbung kommen auch schwarze Tiere vor.

dem Alter der Hirsche verschiebt sich die Fegezeit nach hinten.

Insgesamt wird das Geweih vom Fegen bis zum Abwurf im Schnitt 8,3 Monate getragen. Die Geweihlänge erreicht bei einem ausgewachsenen Hirsch 75 cm; mit zunehmendem Alter findet eine starke schaufelartige Verbreiterung statt. Das Gewicht des Geweihs beträgt bis zu 4 kg. Bereits mit dem 2. Kopf, also im dritten Jahr, bilden sich Aug- und Mittelsprossen sowie schwache Schaufeln. In den folgenden Jahren entwickelt sich der Damhirsch zum angehenden Schaufler (Löffler), Halbschaufler und Vollschaufler. Die auf der Rückseite gezackte Schaufel weist viele Enden auf. Das unterste, oft besonders lange Ende heißt Schaufelhaken, Dorn oder Sporn.

Weniger für die landwirtschaftliche Damfleischproduktion als für die Jagd ist die **Geweihform** entscheidend: Die V-Form hat steile, kaum oder gar nicht geschwungene Stangen. Bei der U-Form sind die Stangen im unteren Bereich stark nach außen gezogen und richten sich dann fast senkrecht nach oben. Die Herzform gilt als Idealform und hat herzförmig geschwungene Stangen, bei denen die Schaufeln im oberen vorderen Teil nach innen gewendet sind. Bei der Korbform sind die Stangen im unteren Teil gleichmäßig geschwungen und richten sich nach oben auf.

Die **Schaufelform** spielt vor allem für die Einstufung in Alters- und Güteklassen eine wichtige Rolle. Sie ändert sich in der Jugend sehr stark, da sich in diesem Zeitraum die Enden an den Schaufelrändern noch verändern. Die Vollschaufel gilt als ideale Form. Sie ist lang und breit, gut geschwungen und hat eine rechteckige Form. Die Brettschaufel hat eine lange, aber weniger breite Schaufel, ebenfalls in rechteckiger Form. Weitere Schaufelformen sind die Dreieck- oder Keilschaufel, die Karoschaufel und die Fischbauchschaufel. Sie gehören aber keineswegs zu den Idealformen. Als Abnormitäten kommen zuweilen Doppelköpfe vor. Dabei werden die alten Geweihe nicht abgeworfen, sondern es bildet sich ein neues um das alte he-

Abwurfschaufel

Schaufler und Löffler im Bastgeweih

Damwild – Geweih

rum. Auch Einkerbungen in O-Form oder zerrissene Schaufeln, bei denen die Schaufel jedoch nicht wirklich zur Gänze zerrissen ist, sondern v- und u-förmige Einkerbungen aufweist, gelten nicht gerade als Idealformen.

In der Gehegehaltung taucht immer wieder die Frage der **Geweihamputation** auf, um Verletzungen unter dem Wild selbst, aber auch für den Menschen hintanzuhalten. Abgesehen davon, dass ein derartiger Eingriff aus Tierschutzgründen abzulehnen und folglich in der Regel gesetzlich verboten ist, ist eine Geweihamputation nach Meinung vieler Fachleute auch deswegen fragwürdig, da das Geweih in erster Linie als optisches Signal zur Demonstration der Rangordnung und nur untergeordnet als Waffe dient. Weiters hat das Geweih eine Vielzahl von Funktionen, wie die als Duftorgan zur Abgrenzung von Revieren, und steht in enger Verbindung mit dem Sexualzyklus.

Wedel

Der Schwanz/Wedel der Tiere ist etwa 20 cm lang. Vom Ende des Rückens bis zur Wedelspitze zieht sich ein schwarzer Aalstrich. Die Schwanzunterseite ist dagegen weiß. Der Wedel ist reich an Drüsen. Dem hochgestellten Wedel kommt eine optische Signalfunktion bei der Verständigung mit Artgenossen, vor allem während der Flucht, zu. Bei schwarzen und weißen Tieren fällt diese weg, weil sie keine Farbunterschiede aufweisen.

An der **Haltung** des Wedels kann man die Stimmung erkennen, in der sich das Damwild befindet. Bei ungestörten Tieren hängt er lose herunter und wird nur gelegentlich zur Seite bewegt. Er dient auch dazu, lästige Insekten zu verscheuchen. Auch bei Nahrungsaufnahme oder Bewegung wird diese Haltung nicht verändert, wohl aber bei Feindbeobachtung und beim Sichern. Der Wedel wird dann steif vom Körper weggehalten und gleicht sich der restlichen Körperhaltung an. Aufrecht steht er beim Abspringen und auf der Flucht; beim Saugen des Kalbes hingegen und beim Paarungsvorspiel wird er unmittelbar auf den Rücken gelegt.

Spiegel

Bei hochgestelltem Wedel wird die Region um den After sichtbar. Dieser Spiegel ist weiß und hat eine schwarze Umrandung. Die weißen und schwarzen Tiere haben diesbezüglich wieder eine Sonderstellung. Ihr Spiegel hat, wie der restliche Körper, eine einheitliche Farbe.

Nasenspiegel

Ein weiteres charakteristisches Merkmal ist der Nasenspiegel. Das ist die Region zwischen Nasenöffnungen und Oberlippe. Er ist gekennzeichnet durch ein individuelles, von Geburt an unveränderliches Hautmuster, das wegen seiner bei jedem Tier einzigartigen Musterung mit dem menschlichen Fingerabdruck zu vergleichen ist.

Sinnesvermögen

Das **Sehvermögen** ist beim Damwild wesentlich besser ausgeprägt als beim Rot- und Rehwild, es sieht nämlich bis 700 m weit; das Nachtsichtvermögen ist dem des Menschen ähnlich. Daher ist der Kontrast ein wichtiges optisches Signal. Damwild dürfte eine ausgeprägte Fähigkeit für das Unterscheiden von Grauwerten besitzen. Das Sehvermögen ist auch besser als seine anderen Sinne, etwa das **Gehör**: Nehmen Damtiere Geräusche wahr, verharren sie sichernd so lange, bis sie deren Ursache sehen können. Der **Geruchssinn** reicht nur bis zu 400 m (abhängig von der Luftfeuchte), während das Rotwild bis zu 1.200 m weit riechen kann.

Wichtig im Sozialleben des Damwildes ist die Voraugendrüse (auch Tränengrube oder Anorbitalorgan genannt). Die Duftsekrete, die abgesondert werden, sind ein wichtiges geruchliches Erkennungsmerkmal zwischen dem Kalb und der Mutter. Aber auch in der Brunft sondern die Drüsen ein Sekret ab.

Lautäußerungen

Lautäußerungen kommen in differenzierterer Weise als beim Rotwild vor. Damtiere **blöken** vor allem im Sommer, wenn sie die Kälber führen, halten auf diese Weise Kontakt und rufen sie zum Saugen herbei. Die Damkälber antworten darauf mit einem **Fiepen**. Das **Mahnen** ist der Warnruf für die Kälber, ein Angstruf und Lockton, der meist vom Alttier, aber auch vom Hirsch, ausgestoßen wird. **Schrecken** äußert sich als kurzes Bellen, meist als einzelner Laut, zuweilen auch mehrfach in Abständen. Dieser Laut wird dann ausgestoßen, wenn das Tier über einen beunruhigenden Vorgang in Unsicherheit ist. Das **Klagen** ist ein lang gezogenes, hohes Blöken. Hauptsächlich klagt das Kalb in Notsituationen, im Zustand hoher Erregung, wie etwa bei Verletzungen. Ein weiterer Laut ist das **Miauen**, das bei beiden Geschlechtern in allen Altersstufen vorkommt und als Beschwichtigungsversuch ebenso gedeutet wird wie als Laut von paarungsbereiten Damtieren. Der Damhirsch schreit in der Brunft, wenn sein Geschlechtstrieb durch ein brunftiges Tier erregt wird. Auf diese Weise will er Damtiere anlocken. Sein **Brunftruf** ist kein imposantes Röhren wie beim Rothirsch, sondern ein Schnarchen oder Rülpsen. Er ist eintönig und höher. Bereits zu Beginn des 18. Jahrhunderts wurde in der Literatur der Brunftschrei folgendermaßen beschrieben: „Der Tann-Hirsch schreytet wohl zur Brunfftzeit, aber nicht so stark als die Roth-Hirsche. Ihr Schreien lautet fast, als wenn man einem Menschen zuhöret, dem übel ist." Die Hirsche schreien in der Brunft vorwiegend abends und morgens, seltener auch in der Nacht. Kalte Lufttemperaturen begünstigen die Brunft.

Entwicklung

Da nur männliches Damwild ein Geweih trägt, bezeichnet man die Kälber beider Geschlechter, Schmaltiere und Alttiere als Kahlwild. Die Bezeichnung des männlichen Damwildes hingegen richtet sich nach dem Geweih.

Altersklassen

Alter in Jahren	Männliches Damwild	Weibliches Damwild
unter 1	Hirschkalb	Wildkalb
1	Schmalspießer	Schmaltier
2	Spießer/Junger Hirsch	Alttier
3–7	Halbschaufler, Knieper, Hirsch	Alttier
ab 8	Schaufler/Alter Hirsch	Alttier

Damkalb

Das neugeborene Damwild heißt Damkalb. Es kommt mit 4–5 kg zur Welt, aber auch deutlich geringere Geburtsgewichte sind keine Seltenheit. Wir hatten Neugeborene mit einem Gewicht von 1,5 kg, die von Geburt an ebenso vital waren und sich später hervorragend entwickelt haben. In den ersten Wochen sind das männliche Hirsch- und das weibliche Wildkalb aus der Entfernung nur beim Nässen zu unterscheiden: Das weibliche Damkalb spreizt die Hinterläufe und nimmt eine leichte Hockstellung ein, das männliche Damkalb nässt in den Tritt. Erst ab Mitte Oktober ist der Pinsel erkennbar.

Damkälber können bereits nach vier Monaten ein Gewicht von bis zu 20–24 kg erreichen, wobei die männlichen Tiere zunächst etwas geringer bleiben. Im Laufe der weiteren Entwicklung bleibt das weibliche Damkalb dann aber gegenüber dem Hirschkalb in der Körperstärke zurück und wiegt nach 14 Monaten als Schmaltier etwa 28 kg, während gleich alte Spießer 48 kg erreichen können. Die Körperlänge beträgt etwa 110 cm, die Körperbreite ca. 15–20 cm.

Die Kopfform des Kalbes ist kurz und rundlich, dadurch wirkt das Kalb jung, kindlich, dynamisch und gesund. Das weibliche Damkalb hat ein geschnittenes, im Seitenprofil spitzwinkliges Haupt auf dünnem Träger, der etwas länger als der des männlichen Damkalbes wirkt. Bereits im Dezember kann man die schon wachsenden Rosenstöcke der Hirschkälber erkennen, eine keulenartige Verdickung, aus der von Februar bis August der Spieß entsteht. Außerdem lassen sie sich am Kälberhaar, das sind lange Grannen am Träger, die nur bei Kälbern vorkommen, unterscheiden.

Bei der Geburt sind bereits einige Zähne des Milchgebisses vorhanden, die verbleibenden brechen ungefähr ein bis zwei Monate später durch. Das Milchgebiss besteht aus 20 Zähnen.

Schmaltier

Die **(weiblichen) Tiere im 2. Lebensjahr** zählen immer noch zu den Jungtieren, da sie noch nicht ganz ausgewachsen sind. Schmaltiere haben ein Gewicht von 18–47 kg. Die Körpermaße entsprechen noch nicht ganz denen der erwachsenen Tiere, nähern sich diesen jedoch zunehmend. Das Schmaltier hat eine schlanke Figur mit dünnem Träger. Das Haupt wirkt länglich, aber noch etwas abgerundet. Schmaltiere tragen noch das Milchgebiss, es wachsen jedoch schon die 12 Zähne, die zum Dauergebiss noch fehlen. Dieses ist nach 26 Monaten in der Regel vollständig ausgebildet.

Schmaltier und Spießer

Damkalb

Alttier

Nach zwei Jahren Jugend, also **ab dem 3. Lebensjahr**, ist das Damtier erwachsen. Es hat die Körperlänge von 1,30–1,75 m und ein Gewicht von ca. 23–54 kg erreicht. Das Tier ist nun geschlechtsreif und nimmt am Fortpflanzungszyklus teil. Der Kopf ist länglich, das Tier wirkt nicht mehr so jung. Die Körperstärke und die Körperproportionen wirken ausgeglichen.

Ab dem 8. Lebensjahr haben die älteren Tiere schon ein trocken wirkendes Haupt und einen langen dünnen Träger. Durch die scharf geschnittenen Gesichtszüge wirkt auch das Haupt hager. Nach der Körperstärke haben die Tiere die höchste Wildbretmasse erreicht. Das Durchschnittsalter, das Damtiere erreichen können, liegt bei 15–20 Jahren. Das älteste bekannte Damwild wurde angeblich 32 Jahre alt.

Damtier

Spießer

Das **männliche Pendant zum Schmaltier** bildet der Spießer. Er ist noch nicht vollständig von der Mutter unabhängig und oft mit ihr anzutreffen. Ab Februar des auf die Geburt folgenden Jahres schiebt der junge Hirsch sein erstes Geweih, die Spieße. Deren Wachstum ist bis spätestens August abgeschlossen, Mitte August wird gefegt und damit ist das erste Geweih ausgewachsen. Im Gegensatz zu den weiblichen Tieren ist der Hirsch im 3. Lebensjahr aber noch nicht ausgewachsen. Er wiegt 16 bis 57 kg, die Körperlänge beträgt etwa 1,30 m.

Knieper und Löffler

Knieper und Löffler, die **männlichen Tiere im 3. und 4. Lebensjahr**, nehmen noch etwas an Gewicht und Größe zu. Als Geweih werden nun schon deutliche Stangen ausgebildet, die bereits Augsprosse, Mittelsprosse und ansatzweise eine Schaufel besitzen. Da der Löffler ein Jahr älter ist als der Knieper, besitzt er in der Regel auch ein ausgeprägteres und größeres Geweih. Außerhalb der Brunftzeit sind Knieper oft in der Nähe von jungen Hirschen anzutreffen.

Schaufler

Spießer und Hirsche im Bast

Schaufler

Der Schaufler ist der vollständig **ausgewachsene Hirsch**. Sein Geweih ist voll ausgeprägt. Bis zum 6. Lebensjahr nimmt er an Stärke und Gewicht zu. Ab diesem Alter hat die Schaufel ihre Endform erreicht, die sie ab diesem Zeitpunkt annähernd beibehält. Mit zunehmendem Alter nimmt die Kraft wieder ab. In den letzten Lebensjahren bildet der Hirsch meist nur noch ein spießerähnliches Geweih aus. Platzhirsch wird normalerweise nur ein Schaufler.

Brunft

Die Tiere, männliche wie weibliche, werden im Alter von 16–17 Monaten geschlechtsreif. Die Brunft beginnt **Mitte Oktober** und dauert zwei bis vier Wochen, also **bis Anfang November** – sie findet somit später statt als die des Rotwildes. Der genaue Beginn ist abhängig von der Außentemperatur: Oft ist der erste Frost brunftauslösend. Adulte Hirsche verändern sich in dieser Zeit auch äußerlich; sie bekommen einen dickeren Hals, der Penisschaft ist ausgestülpt und abgesonderte Sekrete färben die Leisten und den Pinsel dunkel.

Allerdings gibt es auch noch Nachbrunften, die von Jänner bis März auftreten können und zu schwierigen Geburtsterminen im (Spät-) Herbst führen.

In der Damwildherde gibt es in der Regel einen Platzhirsch, der grundsätzlich allein das Kahlwild begattet. Die Rangkämpfe laufen sehr heftig ab, unterlegene Hirsche können sogar zu Tode geforkelt werden. Im Gehege ist es daher wichtig, auf einen klaren Altersunterschied der Hirsche zu achten. In der Hochbrunft ruft der Hirsch oft den ganzen Tag hindurch und kommt nicht zum Fressen. Klingt sein Brunftruf dann oft schon etwas heiser, so sieht der niederrangigere Hirsch dies als Zeichen von Schwäche an und sieht seine Chance gekommen, um zum finalen Kampf zu bitten. Dabei werden häufig Hirsche geforkelt. Noch vor Beginn der Brunft schlägt der Platzhirsch zur Reviermarkierung mit Geweih und Klauen Brunftkuhlen, in die er nässt und sich darin niederlässt, um brunftiges Kahlwild zu erwarten. In dieser Zeit entwickelt der Hirsch einen strengen Brunftgeruch, er wird aggressiver gegenüber Annäherungen und verliert die Scheu vor Menschen. Um weibliche Tiere anzulocken und die Paarungsbereitschaft anzuzeigen, beginnt der Hirsch schon vor der eigentlichen Brunft mit seinem Brunftruf. Dabei hebt er den Kopf leicht an, öffnet das Maul und dabei entsteht, vermutlich beim Einatmen, ein rasselnder Ton. Die Brunft vollzieht sich hauptsächlich tagsüber, vor allem während der Morgen- und Abenddämmerung. Die Hirsche schreien in der Hochbrunft jedoch auch nachts, bevorzugt in kalten, sternklaren Nächten.

Die Paarung läuft nach einem genauen Ritual ab. Zunächst prüft der Hirsch durch Berühren der weiblichen Genitalien die Paarungsbereitschaft des Tieres. Danach streicht er um den Körper des Tieres und legt seinen Kopf auf dieses. Er stellt sich nun verkehrt parallel zu seiner Geschlechtspartnerin. Dieses Verhalten wird von sozialer Körperpflege, vor allem Ablecken, begleitet. Nach dem Abkoten flehmt er die Kuh an, d. h., er rümpft die Nase, bevor er einen ersten Aufsprungversuch macht. Erst nach einigen Versuchen erfolgt der Beschlag mit Ejakulation. Mit einem anschließenden Rückenkrümmen des weiblichen Tieres ist die Paarung beendet.

Setzen

Nach einer **Tragzeit von rund 230 Tagen** kommen von Ende Mai bis Anfang August die Jungen zur Welt. Die meisten Geburten werden Ende Juni verzeichnet. Damtiere gebären in der Regel nur ein Kalb, Mehrlingsgeburten sind überaus selten. Anscheinend ziehen einige Tiere Zwillinge auf. Meistens ist das jedoch auf Altruismus innerhalb des Rudels zurückzuführen, da manche Muttertiere das Kalb einer schwachen oder verstorbenen Artgenossin neben dem eigenen Jungen säugen. Insgesamt kann man von einer sehr hohen Befruchtungsrate ausgehen, sodass unter idealen Bedingungen jedes Tier ein Kalb bringt.

Schon mehrere Stunden vor dem Setzen entfernt sich das hochbeschlagene Tier von der Herde und hält sich bevorzugt in deckungsreichem Gebiet mit hohen Gräsern auf. Das Gras im Gehege sollte in dieser Zeit eine Mindesthöhe von 30 cm aufweisen. Aber auch Brennnesselhorste und Bäume werden von den Muttertieren gerne zum Setzen und später von den Kälbern als Deckung angenommen. Wenn das Setzen auf kahlen Flächen erfolgt, besteht die Gefahr, dass die Kälber versuchen durch den Zaun zu schlüpfen, um außerhalb des Geheges Deckung zu finden.

Damwild benötigt zum Setzen unbedingt Ruhe. Schon durch geringe Störungen, wie z. B.

Kalb im Horst

durch Hubschrauberlärm, aber auch durch die Anwesenheit eines Menschen, kann es zu einer Verzögerung der Geburt kommen. Gerade in dieser Phase ist das Wetter wichtig für das weitere Überleben der Damkälber. Ist es feucht oder regnet es gar, hat das neugeborene Damkalb keine Möglichkeit abzutrocknen und die Überlebenschancen verringern sich erheblich. Daher ist es im Gehege wichtig, auch trockene Plätze – soweit möglich – anzubieten oder das Damkalb bei Gefahr des Erfrierens zur künstlichen Aufzucht aus dem Gehege zu nehmen, wofür meist schon ein Tag ausreicht. Entgegen der landläufigen Meinung werden Kälber mit dem Geruch des Menschen von der Mutter und der Herde in der Regel problemlos wieder angenommen.

Eine Geburt nimmt zwischen 20 Minuten und sechs Stunden in Anspruch und findet im Liegen oder im Stehen statt. In der Austreibungsphase, während der das Kalb aus dem Mutterleib gleitet, leckt das Tier austretendes Fruchtwasser auf. Die Mutter beginnt sofort nach der Geburt, die Eihäute zu entfernen und die Nabelschnur zu durchtrennen. Danach nimmt sie auch die Nachgeburt auf, um Feinden nicht ihre Anwesenheit zu verraten. Als Laufsäuglinge können Damkälber schon nach wenigen Minuten und einigen anfänglichen Schwierigkeiten laufen, da sie mit voll entwickelten Sinnesorganen, komplettem Haarkleid und bewegungsfähig geboren werden. Bereits in der ersten Stunde nach der Geburt saugen sie das erste Mal, wobei sie jedoch die Lage der mütterlichen Zitzen erst erkunden müssen.

Da das Jungtier in den ersten Tagen noch zu schwach ist, um mit den erwachsenen Tieren äsen zu können, wird es an einer deckungsreichen Stelle abgelegt. Gerade in dieser ersten Zeit, die in etwa zwei Tage andauert, ist es möglich, an die Damkälber heranzukommen, z. B. um ihnen Ohrmarken zu setzen und das Geschlecht zu bestimmen. Allerdings kann es passieren, dass das Muttertier die Ohrmarke als Fremdkörper identifiziert und dem Kalb wegknabbert. Nähert man sich dem Damkalb, so versuchen die anderen Tiere zunächst, den Menschen wegzulocken. Dann bleiben sie stehen und beobachten die Situation aus der Ferne genau. Das Verhalten der Damkälber selbst

Erste Gehversuche

ist äußerst unterschiedlich; es reicht vom lauten, ängstlichen Fiepen bis dahin, dass sie dem Menschen nachlaufen. Verlässt der Betreuer das Gehege wieder, kehren die anderen Damtiere zum Kalb zurück. Uns sind, wie gesagt, keine Fälle bekannt, wo es Probleme mit der Wiederannahme des nach Menschen riechenden Kalbes durch die Mutter gab.

Die Abkalberate von Alttieren liegt bei 90 %, bei Schmaltieren auch darunter. Aufgrund der natürlichen Haltungsform sind Kälberverluste von 5–25 % in Kauf zu nehmen.

Säugen

Im Allgemeinen ruft die Mutter das Kalb in Abständen von zwei bis drei Stunden zum Säugen aus dem Versteck. Die Milch hat einen hohen Fettgehalt von bis zu 21 %. Nach einigen Tagen sieht man das Jungtier immer häufiger bei der Mutter. Mit Beginn der Brunft, also nach etwa vier Monaten, verringert sich die Säugebereitschaft der Mutter rapide, dauert aber über den Winter an. Wie lange das Kalb gesäugt wird, ist somit unterschiedlich. Es frisst jedoch schon ab dem 10. Tag Gras. Auch vorjährige Damkälber versuchen immer wieder zu säugen. Oft jedoch entzieht sich die Mutter dem Jungen auch durch Weglaufen, Abliegen oder Abwenden. Es ist aber auch zu beobachten, dass – wird ein Kalb gesäugt – auch andere Kälber hinzukommen und mittrinken.

Damkälber, die bis zum Wintereinbruch nicht groß und kräftig genug sind, haben Probleme, die nasskalte Witterung zu überstehen. Vor allem Spätgeburten nach August sind gefährdet. Allerdings konnten wir auch beobachten, dass sich die schwächeren Kälber vermehrt an geschützte Plätze zurückziehen und so entgegen aller Voraussagen den Winter gut überstehen.

Wird ein Kalb gesäugt, trinken manchmal auch andere Kälber mit.

Verhalten im Gehege

Gerade Damwild ist besonders für die Gatterhaltung geeignet und passt sich rasch an verschiedene Verhältnisse an. Selbst alltäglicher Verkehrs- und Siedlungslärm wird bald akzeptiert. Lediglich der Überschallknall von Kampfflugzeugen kann zu Panikreaktionen führen. Damhirsche verhalten sich – im Gegensatz zu Rot- und Sikahirsch, aber auch zum Rehbock – gegenüber dem Menschen grundsätzlich friedfertig. Das Verhalten des Damwildes, vor allem seine Vertrautheit, ist neben der Veranlagung stark abhängig von der Art der Betreuung durch den Menschen. Wenn die Tiere einmal täglich kontrolliert werden bzw. das Gehege einmal

Zutrauliche Hirsche

am Tag betreten wird, gewöhnen sich die Tiere sehr schnell an den Menschen und fressen ihm aus der Hand. Allerdings ist beim Kontakt mit (männlichem) Wild immer Vorsicht angebracht. Das Zusammenleben des Damwildes wird durch eine soziale Rangordnung geregelt. Diese bestimmt das Verhältnis des einzelnen Tieres zu anderen Rudelmitgliedern und trägt zur Minderung von schweren Auseinandersetzungen bei.

Sozialisation

Die **Mutterfamilie** besteht aus einem Kalb von bis zu 13 Monaten, einem Jährling von bis zu 24 Monaten und ihrer Mutter. In der Setzzeit sondert sich das hochbeschlagene Tier vom Rudel und auch dem Jährling ab und bleibt auch nach dem Setzen zunächst mit dem Kalb alleine. Dieses geht stets an zweiter Stelle nach der Mutter, der Jährling immer an letzter. Bei Gefahr drängt sich das Kalb dichter an die Mutter als der Jährling. Die Mutterfamilie zieht oft zusammen durch das Gehege, sie bildet jedoch keine starre Einheit.

Der Zusammenschluss von Mutterfamilien und nachwuchslosen weiblichen Einzeltieren bildet die **Tiergruppe**. Im Sommer sind das eher kleinere Gruppierungen, im Winter finden sich die Tiere zu großen Gruppen zusammen. Während der Brunft kommen die paarungsbereiten Weibchen zusammen, Jungtiere werden ausgeschlossen. Zum Setzen sondern sich die tragenden Tiere, wie gesagt, ab.

Auch die männlichen Tiere schließen sich zu lockeren **Hirschgruppen** zusammen. Nach dem Geweihabwurf ziehen sich die älteren Hirsche zurück, denn der Abwurf findet bei ihnen früher als bei den jüngeren Hirschen statt und auch das Verfegen dauert bei ihnen länger, sodass sie in dieser Zeit verletzbarer und angreifbarer als die jüngeren Hirsche sind. Diese nutzen die Situation auch aus und fühlen sich – zumindest für kurze Zeit – als Platzhirsche. Während der Brunftzeit zerschlägt sich die Hirschgruppe. Es kommt dann unter den ansonsten relativ friedfertigen Damhirschen zu wilden Kämpfen, oft auch auf Leben und Tod. So sprang in unserem Gehege bei einem derartigen Kampf ein Hirsch über den zwei Meter hohen Zaun und kämpfte von draußen durch den Zaun mit seinem Konkurrenten weiter, sodass der Zaun schwere Schäden erlitt und der Damhirsch, der bereits schwere Verletzungen aufwies, erlegt werden musste.

Von Beginn der Fortpflanzungszeit bis zum Geweihabwurf bzw. zur Setzzeit, also von Oktober bis Mai, treten **gemischtgeschlechtliche Gruppen** auf. In und nach der Setzzeit halten sich die Hirsche weniger in der Nähe der Damtiere und der Kälber auf. Allerdings reagieren auch sie auf Rufe der Damkälber, wenn sich diese in Gefahr befinden.

Jugendgruppen sind Zusammenschlüsse von Kälbern und Jährlingen beider Geschlechter. Sind die Damkälber kurz nach der Geburt eher alleine bzw. mit der Mutter unterwegs, so schließen sie sich bereits einige Wochen nach dem Setzen zusammen. Dabei werden diese „Kindergärten" aber immer von einem erwachsenen Damtier betreut und auch die Mütter behalten sie immer im Auge. Damkälber spielen auch gerne miteinander. Lustig ist es zu beobachten, wenn sie durch das Gehege laufen und damit die Damtiere anstecken, die dann auch beginnen, ohne Grund durch das Gelände zu sprinten.

Vereinzelt kommen auch **Einzelgänger** vor, wobei Hirsche eher einzeln umherziehen als weibliche Tiere. Vor der Geburt der Kälber sind vor allem trächtige Weibchen, zur Brunft erwachsene Hirsche, Einzelgänger. Der begrenzte Lebensraum innerhalb des Gatters lässt eine gänzliche Abspaltung nur bedingt zu.

Fluchtverhalten

Bei Auftreten von Gefahren verschafft sich Damwild zunächst rasch einen Überblick. Es warnt und flüchtet ins Rudel. Typisch für das Fluchtverhalten des Damwildes sind Prellsprünge. Im Unterschied zu Rotwild flüchtet Damwild nicht bis in die nächste Deckung, sondern verharrt in Sicht-, allerdings nicht in Schussweite. Kommt der Mensch in seine Nähe, so entfernt es sich weiter und verharrt wiederum in **Sichtweite**. Eine weitere Besonderheit ist das Drücken in Deckung. Dabei sind der Träger und das Haupt flach auf den Boden gelegt. Die Flucht erfolgt erst dann, wenn die Gefahr näher kommt.

Gehegeerrichtung und -betrieb

Bereits vor den behördlichen Formalitäten ist ein geeigneter Standort für das Gehege auszuwählen. Sind die Behördenwege dann erledigt, kann mit der Errichtung begonnen werden.

Lebensraum und -weise

Nach der Eiszeit war Damwild vor allem in Vorderasien verbreitet. Dort bewohnte es überwiegend freie Flächen. Viel später wurde es auch in weiten Teilen Europas heimisch. Man findet auch heute noch frei lebende Bestände in England, Dänemark, Ungarn, Frankreich, Griechenland, Spanien und Deutschland, hier vor allem in den nördlichen Bundesländern Hessen, Niedersachsen, Nordrhein-Westfalen und Schleswig-Holstein.

Damwild liebt eine parkähnliche Kulturlandschaft mit Wiesen und Wald, vor allem mit Lichthölzern, wie Lärchen, Kiefern, Weiden, Birken und Sträuchern. Es kann jedoch mit wenig Wald auskommen und ist ein ausgesprochener **Kulturfolger**. Als gesellige Wildart lebt Damwild in Rudeln bis zu 80 Tieren. Damwild ernährt sich vor allem von Gräsern und Kräutern, Blättern, Knollen und Wurzeln. Es schält gelegentlich auch die Rinde von Bäumen, hauptsächlich von Ahorn und Esche.

Im Vergleich zu Rotwild, Rentier, Sikawild, Elch und Reh zeigte sich in Studien, dass das Damwild das geringste Maß an sozialer Aktivität, Intoleranz, Verhaltensintensität und den geringsten Eindruck auf variierende Haltungsbedingungen aufweist. Lediglich bei der Frage nach dem geringsten jahreszeitlichen Einfluss verwies das Rentier Damwild auf

Damwild ist am besten für die Gehegehaltung geeignet.

Platz 2. Den letzten Platz in dieser Studie nahm übrigens unter den untersuchten Tieren das Rehwild ein. Auch Rot- und Sikawild haben ein aggressiveres Verhalten als Damwild, das somit am besten zur Gehegehaltung geeignet ist.

Als unnötige Einschränkung des artspezifischen Verhaltens ist eine **Stallhaltung** von Damwild **abzulehnen**. Allenfalls kommt eine vorübergehende Aufzucht spät geborener Kälber während des Winters im Stall in Frage.

Standortauswahl

Bei der Auswahl von Flächen für das Gehege sind verschiedene Faktoren zu berücksichtigen. So gilt es neben produktionstechnischen Faktoren auch solche des Artenschutzes und des Landschaftsschutzes zu bedenken. Flächen mit hohem Grundwasserspiegel und Staunässe sowie moorige Flächen sind als Standort für ein Gehege eher ungeeignet, da hier ein höheres Befallsrisiko mit Parasiten besteht. Schattseitige Weiden oder Flächen mit lang anhaltenden Schneelagen können sich ebenfalls als schwierig erweisen. Flächen ohne Sichtschutz und Deckungs- bzw. Schutzmöglichkeiten gegen äußere Witterungsbedingungen sind nicht tiergerecht. Gibt es keine andere Möglichkeit, das Gehege an einem anderen Standort zu errichten, so sollten die negativen Faktoren – durch Auszäunen der Feuchtstellen, Errichtung künstlicher Unterstände u. Ä. – verringert werden.

Als Damwildgehege besonders gut geeignet sind **Wiesen** und **Weiden**, aber auch bisher landwirtschaftlich ungenützte Flächen, die aus Gründen der Landschaftspflege von Verbuschung und Verwaldung freigehalten werden sollen und keine übergeordnete ökologische Bedeutung, etwa als Feuchtgebiet, haben. Der Gehegeboden muss ausreichend fest und im Gehege selbst soll in der Vegetationszeit genügend Nahrung für das Wild vorhanden sein. Wird das Gehege neu angelegt, soll auch – soweit möglich – durch Anlehnung an natürliche Grenzlinien, wie Hecken und Böschungen, Rücksicht auf das Landschaftsbild und das Ökosystem genommen werden.

Zur Weidehygiene empfiehlt es sich, Feuchtbiotope auszuzäunen und das Gehege mindestens jährlich zu mähen oder besser noch zu mulchen.

Gehege im Winter

Einzäunung

Bei der Einzäunung ist zu beachten, dass sich Damtiere vor allem optisch orientieren und auf unklare Geräusche unruhig reagieren, bis sie die Ursache sehen können. Daher ist eine Rundumbepflanzung auf der ganzen Zaunlänge abzulehnen. Ein gewisser Anteil an Hecken und Sträuchern ist zwar als Witterungsschutz günstig. Es ist aber auch zu beachten, dass geschlossene Bepflanzungen die Luftbewegung reduzieren, sodass stechende und blutsaugende Insekten zum Leidwesen der Damtiere und der Betreuer ein ideales Klima vorfinden.

Allgemeines und Beschaffenheit

Die Umzäunung verursacht neben dem Erstbesatz die höchsten Kosten in der Wildhaltung. Der Zaun ist also sorgfältig zu planen, auch, damit er möglichst lange hält. Die äußere Umzäunung des Gatters sollte so beschaffen sein, dass sie die Gehegefläche deutlich abgrenzt, das Auskommen des Wildes einschließlich der Kälber verhindert und einen sicheren Schutz vor dem Eindringen anderer Wild- und Haustiere (v. a. Hunde) bietet. Der Gehegezaun besteht aus dem Zaungeflecht, aus Pfählen, Ecken und Toren. Als Befestigung werden Krampen sowie Erdanker und als Verbindungs- und Nachspannelemente allenfalls Drahtspanner verwendet. Die Einzäunung muss ausreichend stabil und auch am Boden gut befestigt sein, um das Unterschlüpfen durch das Wild zu verhindern. Die erforderliche Mindesthöhe der Außenzäune beträgt beim Damwild 1,8 bis 2 m, beim Rotwild mindestens 2 m. Gibt es eine Gehegekoppelung, so ist für die Trennung zwischen den Gattern ein Innenzaun mit 1,6 m Höhe ausreichend.

Zaungeflecht

Als einfachstes Zaunmaterial hat sich ein handelsübliches **Knotengitter** mit 15 x 15 cm bewährt. Dieses Drahtgeflecht sollte aus verzinktem Stahldraht bestehen, damit eine möglichst lange Haltbarkeit gewährleistet ist. Dabei sollten die unteren Horizontaldrähte einen engeren Abstand („hasendicht") aufweisen, damit die Kälber nicht entweichen oder sich mit den Köpfen im Zaun verfangen können. Auch ein Eindringen von Füchsen oder Hunden kann so besser verhindert werden.

Technische Eckdaten eines Damwildzaunes

- **Zaunhöhe**
  160–200 cm, der untere Wert reicht für Innenzäune
- **Stärke der Verzinkung**
  ca. 240 g/m²; Innenzäune können schwächer sein
- **Anzahl der Horizontaldrähte:** 13–24
- **Abstand der Vertikaldrähte:** 15–30 cm
- **Drahtstärke**
  Kopf- und Fußdrähte: 2,5 mm
  Längs- und Querdrähte: 2,0 mm (bei Rotwild 3,0 mm bzw. 2,5 mm)
- **Spanndrähte:** 5,0 mm
- **Zerreißfestigkeit:** 365–756 kg je Draht
- **Abstand der Horizontaldrähte**
  z. B. 2 m Zaun von unten
  16 x 5, 3 x 10, 2 x 15, 3 x 20 cm
- **Rollenlänge:** 50/100 m
- **Rollengewicht:** 30–70 kg
- **Pfähle:** Akazie, Eiche, imprägniertes Nadelholz, Metall, Beton

Aus Kostengründen kann auch überlegt werden, ein 1,80 m hohes Zaungeflecht anstatt eines 2 m hohen zu nehmen und die fehlende Höhe mit einem oder zwei glatten Zaundrähten abzuzäunen. Bei Rotwild sind solche Zaundrähte bis mindestens 2,30 m erforderlich. Soll der Zaun laufend nachgespannt werden können, sind

Am Boden gut abgesicherter Zaun

Verschiedene Zäune

Drahtspanner erforderlich, mit denen im Winter auch eine leichte Zaunentspannung möglich ist.

Besser ist es, das Geflecht auf der Innenseite zu befestigen. Werden hingegen die Pfähle innen befestigt, so könnte Wild, das zum Zaun hin flieht, durch Druck die Befestigung lösen. Wird Wald miteingezäunt, so ist unbedingt darauf zu achten, dass keine Äste von Sträuchern, Bäumen etc. durch den Zaun in das Gehege wachsen. Vor allem die Hirsche versuchen dann damit zu kämpfen, wodurch Schäden am Zaun entstehen können. Der Zaun ist regelmäßig auf seine Unversehrtheit zu kontrollieren, etwa auf aufliegende Äste. Insgesamt ist aus eigener Erfahrung zu bemerken, dass es noch wichtiger ist, den Zaun am Boden gut abzusichern, als ihn höher zu machen, da das Damwild eher durch ein Loch im Zaun entweicht, als dass es über ihn

Beschädigung am Zaun – groß genug zum Entweichen

springt. Außen- und Innenzäune müssen für das Wild deutlich sichtbar sein, um Verletzungen durch das Anfliehen des Zaunes bei panikartigen Reaktionen zu verhindern.

Nicht geeignet sind punktgeschweißte Wildzäune, da diese an den Schweißstellen rasch zu rosten beginnen und vom Wild zerstört werden können.

Pfähle

Die Pfähle können aus Holz, Metall, Kunststoff oder Beton hergestellt sein. Am besten eignen sich Holzpfähle aus unbehandeltem, gespaltenem und geschältem Akazien- oder Eichenholz. Das Holz sollte unbedingt trocken und genügend abgelagert sein, um eine lange Haltbarkeit zu gewährleisten. Kesseldruckimprägniertes Lärchen-, Kiefern- und Douglasienholz ist zwar einheitlich und bei der Montage gut zu verarbeiten, aber auch relativ teuer und später als Sondermüll zu entsorgen.

Ausgestaltung der Pfähle

- **Pfahllänge:** 3 m (für Zaunhöhe von 2 m)
- **Pfahldurchmesser:** 8 bis 12 cm; Eckpfähle sollten stärker sein
- **Pfahlabstand:** 4 bis 10 m, abhängig v. a. vom Gelände

Die Gestaltung der Einzäunung sollte dem Landschaftsbild angepasst werden. Dafür kann der Zaun auch an erforderlichen Stellen begrünt werden. Zwischen den Pfählen ist der Zaun je nach Bodenbeschaffenheit zusätzlich mit Heringen am Boden zu befestigen oder muss mit Brettern vermacht werden, um ein Durchschlüpfen vor allem der Kälber zu verhindern. Ein Untergraben durch Dachse hingegen lässt sich langfristig nie ausschließen. Hier helfen nur eine laufende Zaunkontrolle und ein Verfüllen der Löcher, bevor ein Fuchs eindringt oder Kälber hier entweichen.

Der Abstand zwischen den Pfählen sollte zwischen 4 und 10, in der Regel 5 m betragen. Er ist kürzer bei hoher Schneelage, Verlauf durch den Wald (Windwurf-Gefahr) und bei Bodenunebenheiten. In Waldflächen und schneereichen Gebieten sollte der Abstand verringert werden, da der Schneedruck zu einer Zaunüberlastung führen kann.

Die Länge der Pfähle sollte 3 m betragen. Bei Rundpfählen beträgt der Durchmesser 8 bis 12 cm. Verwendet man Eckpfähle, so sind Pfähle mit mindestens 12 cm Durchmesser und eine entsprechende Abstützung erforderlich. Die

Ein bodenseitig angebrachtes Brett bietet Schutz gegen Unterschlüpfen.

Metallpfähle sind aus größerer Entfernung unscheinbarer als Holzpfähle.

Pfähle sind mindestens 60 cm tief im Boden zu verankern, Eckpfähle mindestens 80 cm. Das kann durch Eingraben, Bohren oder Rammen mit Hilfsmitteln, wie Handramme, Erdbohrer oder maschineller Pfahlramme, erfolgen.

Will man keine Holzpfähle verwenden, bieten sich als Alternative eisenarmierte Betonpfähle an. Diese können selbst produziert werden und haben eine lange Haltbarkeit, passen aber nicht besonders gut in das Landschaftsbild. Eine weitere Möglichkeit sind auch Metallpfähle. Dabei werden häufig verzinkte U-, T- oder Z-Profile, verzinktes Rundeisen oder auch Alu-Pfähle verwendet. Bei verzinkten Profilen muss auf die Festigkeit geachtet werden, wobei 2 bis 3 mm Wandstärke oft zu wenig sind. Die Zaunhalterungen – mindestens fünf pro Pfahl – müssen aus witterungsstabilen Materialien bestehen. Metallzäune sind einfach in der Handhabung und können über die Altmetallsammlung wiederverwertet werden.

Rotwild-Elektrozäune sind bis zu 1,50 m hoch und mit 5 Drähten versehen.

Elektrozäune

Eine Möglichkeit der Innenzäune für eine Gehegekoppelung sind Elektrozäune, die aber stets unter Spannung stehen müssen. Erfahrene Alt-

Elektrozaun für Damwild bis zu 1,40 m hoch und mit 5 bis 6 Drähten

tiere lernen sehr rasch und akzeptieren den Zaun sonst nicht lange. Hirsche respektieren den Elektrozaun ohnehin nur, solange sie im Bastgeweih sind, also etwa von Mai bis August. Danach muss der Elektrozaun unverzüglich abgebaut werden, da er vor allem während des Fegens zu schweren Verletzungen oder Todesfällen führen kann.

Versuche haben ergeben, dass bei einem Elektrozaun drei bis vier Drähte gezogen werden sollen. Als Abstände sollen vom Boden zum ersten Draht maximal 25 cm, vom ersten bis zum zweiten Draht 30 cm und vom zweiten zum dritten Draht 30 bis 40 cm gewählt werden. Für den zweiten oder dritten Draht ist die Verwendung von Breitband oder eine hellfarbige Kordel zu empfehlen, da diese vom Wild besser gesehen werden kann. Für die Zaunhöhe sind 1 bis 1,20 m ausreichend. Die Trennung von zwei Herden mittels Elektrozaun ist nicht möglich.

Tore, Türen, Durchlässe

Die Beschaffenheit der Tore sollte je nach Verwendungszweck und Benutzungshäufigkeit gewählt werden. Jedenfalls ist darauf zu achten,

Temporärer Zaun mittels Bauzaunelementen

Verschiedene Tortypen

dass man genug Tore einplant. Bei der Bemessung ist zu beachten, ob Tore nur mit dem Traktor oder auch mit breiteren Fahrzeugen (z. B. Holz-Lkw) passiert werden sollen. Besonders wichtig ist eine stabile Verankerung, da auf die Tore sehr große Kräfte einwirken und es auch durch Ausfrieren zu Verschiebungen und damit Schließproblemen kommen kann. Bei häufigen Durchfahrten können Fahrrinnen unter dem Tor entstehen, durch die Kälber entweichen könnten. Abhilfe schafft hier eine gut verdichtete Schotterung oder ein eingelegter Pfosten.

Zur Trennung der Hirsche von den weiblichen Tieren dienen Schlupftore und Lamellentüren, die die Hirsche wegen des Geweihes nicht passieren können. Die maximale Durchgangsweite dieser sogenannten Hirschsiebe darf 23 cm, die Höhe des Türrahmens 1,20 m nicht überschreiten.

Gehegeecken

Wird ein Gehege neu angelegt, ist darauf zu achten, dass die Gehegefläche nach Möglichkeit rechteckig ist. Gehegeecken sollten keine spitzen Winkel aufweisen, diese sind mit Holzlatten oder Brettern zu verblenden, um sie so besser sichtbar zu machen. Andernfalls können Verletzungen entstehen, wenn das Wild in die Ecken flieht oder auch, wenn schwächere Tiere von aggressiveren in die Ecke gedrängt werden. Gehegeecken können aber auch als Kälberschlupf zur Beifütterung gestaltet werden.

Gehegeeinrichtungen

Wasserstelle

Dem Wild muss das ganze Jahr über hygienisch einwandfreies Wasser zur Verfügung stehen. Ein sauberer Bach mit einwandfreiem Wasser und einem schotterigen Bachbett ist in alpinen Gebieten die natürliche Tränkemöglichkeit für Farmwild. Bei der Zaunquerung des Baches ist jedoch darauf zu achten, dass weder sommerliche Hochwasser den Zaun zerstören können noch Tiere an diesen Stellen entweichen können.

Gibt es keine natürliche Wasserstelle, ist eine Tränke einzurichten. Dabei ist allerdings darauf zu achten, dass diese so stabil angebracht wird, dass das Wild sie nicht umstoßen kann, und dass eine Reinigungsmöglichkeit besteht. In deutschen Versuchen zeigte sich, dass ein Tränkewagen nicht angenommen wird, sondern ein Tränkebecken erforderlich ist. Hier stellt sich jedoch das Problem des Gefrierens im Winter, dem aber mit elektrischen Wärmeeinrichtungen begegnet werden kann.

Ein sauberer Bach bietet eine natürliche Tränkemöglichkeit.

Salzlecke

Zur einfachen und kostengünstigen Versorgung genügt ein gewöhnlicher Salzstein, auch „Bergkern“ genannt. Mit Mineralstoffen angereicherte Salzwürfel kosten zwar mehr, decken aber den Bedarf an Mineralstoffen und Spurenelementen noch besser ab.

Handelsübliche Tränke

Kostengünstige Tränke

Bachquerungen müssen gesichert werden.

Sicht- und Witterungsschutz

Ist im Gehege kein ausreichender Sicht- und Witterungsschutz vorhanden, so ist ein solcher einzurichten. Natürliche Schutzmöglichkeiten im Gehege, wie Sträucher und Bäume, sind den künstlichen vorzuziehen. Dabei ist es aber wichtig, dass der Sichtschutz nicht nur nach außen, sondern auch innerhalb des Gatters selbst gegeben ist, damit sich das Wild auch untereinander separieren kann.

Künstliche Unterstände müssen überdacht und von der Wetterseite her geschützt sein. Gut ist es, wenn die offene Seite zum Gehege hin gerichtet und ein Zugang für Betreuer von außen leicht möglich ist. Der Boden muss im Bereich der Unterstände ausreichend befestigt sein. Als kostengünstige Unterstände eignen sich auch ehemalige Stallgebäude, die vom Wild, vor allem auch den Hirschen, sehr gerne angenommen werden. Eine gute Lösung für einen transportablen Wetterschutz – insbesondere für die Koppelhaltung – bieten fahrbare Weidehütten mit klappbarem Vordach, die idealerweise mit Stroh eingestreut werden.

Gut ist es, wenn Gebäude zwei Eingänge haben, damit ein Tier, wenn es sich in Bedrängnis durch ein anderes sieht, durch den anderen Ein- bzw. Ausgang den Raum verlassen kann, was besonders bei Hirschen wichtig ist. Aber auch dann, wenn es nur einen Eingang gibt, wird ein solcher Raum sehr gerne angenommen. Interessanterweise wird ein Gebäudeunterstand im Sommer fast stärker angenommen als im Winter, da er vor Sonne, Hitze und lästigen Fliegen schützt. Im Winter dient er natürlich als Witterungsschutz, vor allem auch für schwächere Tiere.

Überdachte Futterstelle

für Heu und Silage. Diese müssen von der Wetterseite her geschützt sein.

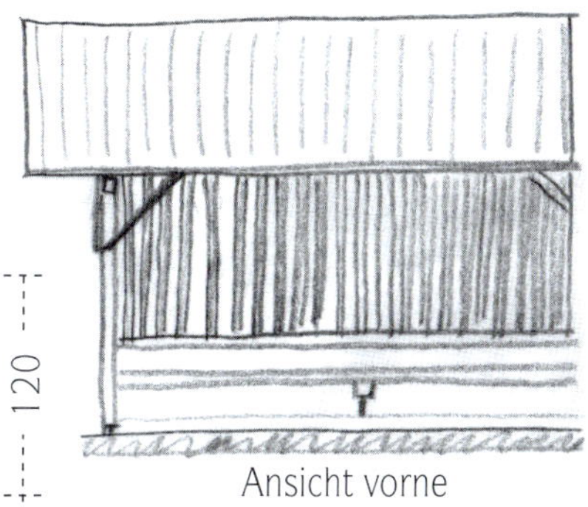
Ansicht vorne

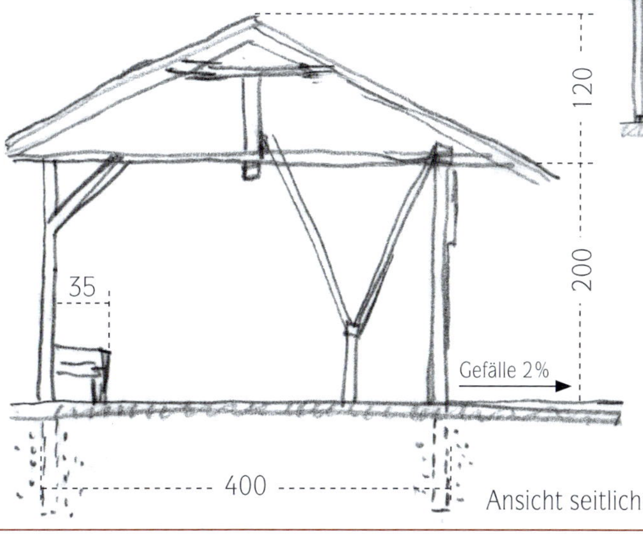

Ansicht seitlich

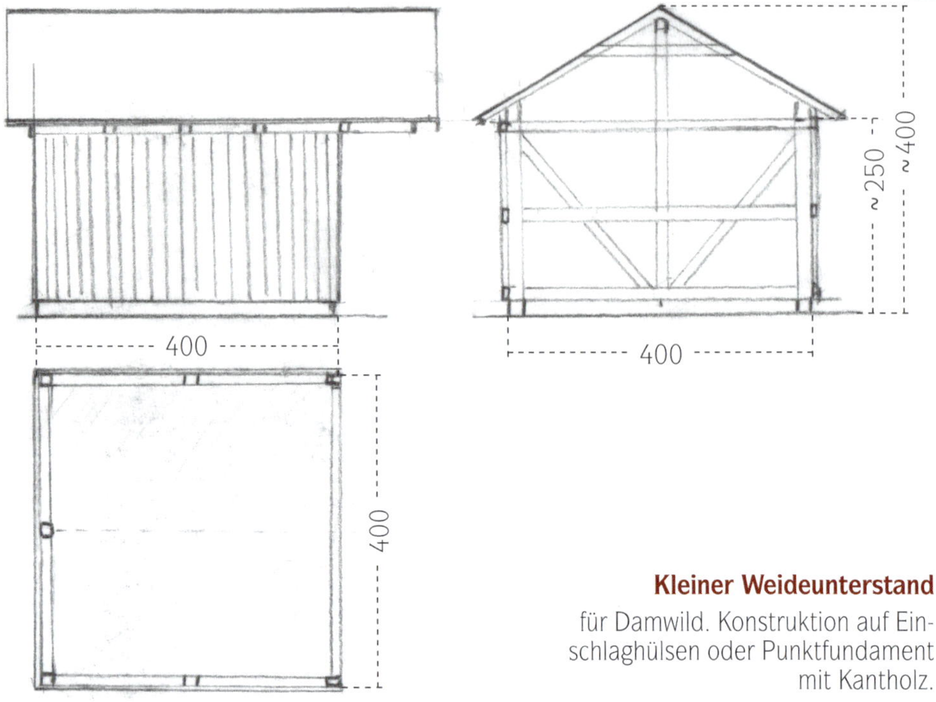

Kleiner Weideunterstand
für Damwild. Konstruktion auf Einschlaghülsen oder Punktfundament mit Kantholz.

Einfache Heufütterung in einem ehemaligen Rinderstall

Zur Parasiten-Vorbeugung ist die Fütterungshygiene wichtig: Futterreste und Kot gehören regelmäßig entfernt.

Überdachte Raufen-Fütterung

Setzplätze

Zur Setzzeit ist ein ausreichend hoher Grasbestand bzw. Horste von Brennnesseln, Ampfer o. Ä. anzuraten, damit die Kälber die nötige Deckung im Gehege haben. Andernfalls werden sie versuchen, den Zaun zu unterschlüpfen, um sich außerhalb des Geheges besser verstecken zu können.

Bäume

Idealerweise befinden sich hochstämmige Bäume im Gehege. Laubbäume, wie große Eschen, spenden angenehmen Schatten, Obstbäume liefern zusätzlich für ein paar Wochen Leckerbissen. Diese Bäume müssen unbedingt sorgfältig eingezäunt werden, weil sie sonst bis auf die Wurzeln geschält und verbissen werden. Bei der Pflanzung ist auch zu beachten, dass die Bäume bei Mulch- und Mäharbeiten nicht zu sehr behindern.

Fressplatz/Futterstelle

Bei der Anlage der Fütterung ist sicherzustellen, dass es zu keinem Verdrängungswettkampf kommt, also dass alle Tiere die Möglichkeit haben, an das Futter zu kommen. Ideal sind **runde Futterraufen**. Die ideale Fressplatzbreite an Raufe und Trog beträgt etwa 30 bis 40 cm, für Hirsche ca. 1,50 m. Der Fressplatz soll zum Schutz vor Niederschlägen überdacht und mit einem Gefälle nach außen gebaut sein. Außerhalb der Brunft können die Hirsche vom Kahlwild mittels Absperrgatter („Hirschsieb") abgesondert werden, wodurch Ruhe in den Fütterungsbereich gebracht wird. Bei der Anlage einer Winterfütterung ist zu bedenken, dass diese auch bei Schneelage und Glätte mit dem Traktor befahren werden kann. Es sollte auch darauf geachtet werden, dass die Futterstelle sich nicht im Gefahrenbereich einer Dachlawine befindet.

Bäume spenden Schatten.

Bäume im Gehege sind wichtig, müssen aber besonders geschützt werden!

Rundraufe

Raufe von zwei Seiten zugänglich

Selbst gebaute Heuraufe aus Holz

Der Abstand der Längssprossen soll möglichst gering sein. Dadurch wird einem möglichen Beschäftigungsdefizit des Wildes vorgebeut.

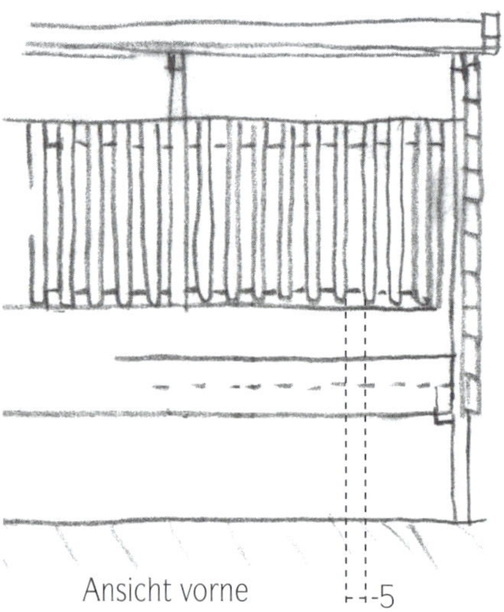

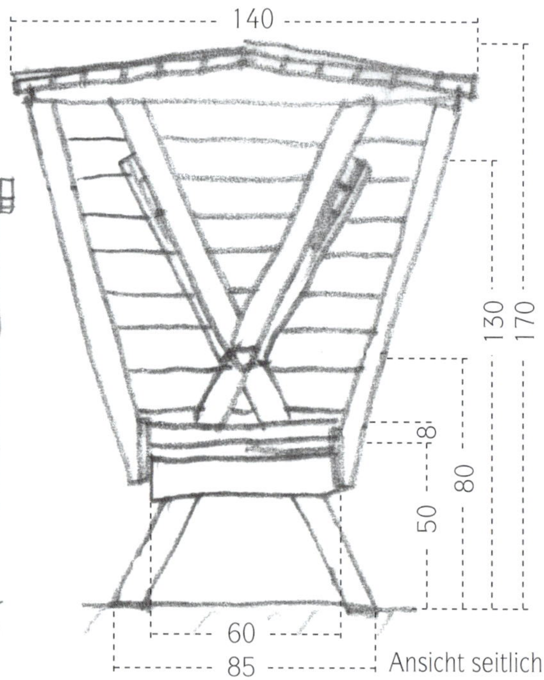

Einfacher Unterstand mit Heuraufe

Vorratsbehälter

für Heu und Silage. Er nimmt den Futterbedarf für ca. eine Woche auf.

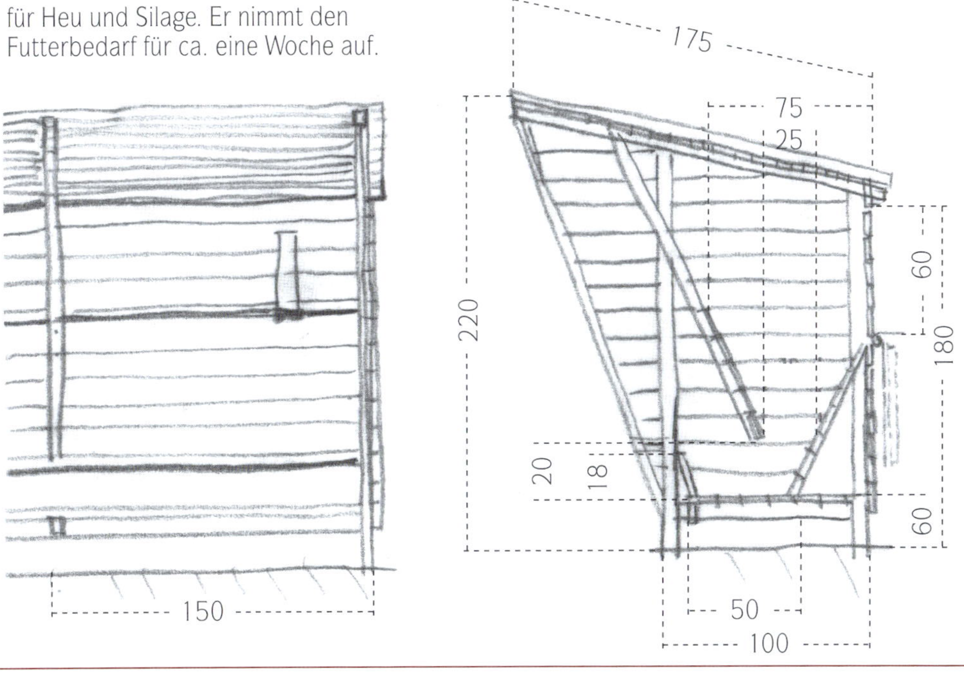

Kraftfutter gehört in den Trog, nicht auf den Boden.

Aus hygienischen Gründen ist ein trockener, befestigter Standort zu wählen; Futter sollte nicht am Boden angeboten werden. Die Tröge sind regelmäßig zu reinigen und Losung ebenso wie verdorbenes und verschimmeltes Futter aus dem Fütterungsbereich zu entfernen.

Kälberschlupf

Damit das Wachstum der Kälber gefördert wird, ist zu überlegen, sie separat zuzufüttern. Dazu wird in der Nähe der allgemeinen Futterstelle ein Kälberschlupf errichtet. Das ist ein durch eine vertikale Sprossenwand geschützte Fütterung zur Verabreichung von Getreide bzw. Kraftfutter. Der Sprossenabstand sollte nicht mehr als 16 bis 20 cm betragen, sonst können ihn auch die erwachsenen Tiere passieren.

Schalenabnutzung

Ist der Boden im Gatter zu weich, kann es passieren, dass der Zuwachs an Klauenhorn höher ist als dessen Abrieb. In diesen Fällen ist es zweckmäßig, auf den Wechseln Kies in entsprechender Körnung anzubringen. Aber auch feiner Sand oder Schotter auf dem Futterplatz oder ein befestigter (betonierter) Futterplatz selbst fördern den Schalenabrieb.

Beobachtungskanzel

Zweckmäßig, aber nicht unbedingt erforderlich ist eine Beobachtungskanzel. Sinnvoll ist ein Platz, der von außen zugänglich ist und von dem aus man sich einen Überblick über das Wild sowie das gesamte Gehege verschaffen kann. So ein Platz kann in der Nähe der Fütterung sein. Von der Kanzel aus können Tiere zum Immobilisieren oder zur Schlachtung unter minimaler Beunruhigung der übrigen Herde geschossen werden. Zudem bietet der Boden beim Schuss aus einem Hochsitz einen sicheren Kugelfang. Die Kanzel sollte 4 m über dem Boden sein und zwei Personen Platz bieten. Zum

Damtiere sind rasch zutraulich, hier etwa in einem Münchner Biergarten („Hirschgarten").

Fester Untergrund fördert den Schalenabrieb.

Einfache Kanzel

Winterfeste Kanzel

Witterungs- und Sichtschutz für den Schützen soll sie aus einem nach allen Seiten geschlossenen Gehäuse mit zu öffnenden Fensterluken in allen Wänden bestehen. Die Kanzel steht auf vier Stützen (Durchmesser 12–15 cm) und wird über eine Leiter erreicht. Wenn die ganze Konstruktion trocken auf Betonelementen steht, verlängert das die Haltbarkeit. In windreichen Gegenden bietet eine stabile Verankerung zudem auch Schutz vor Sturmschäden.

Suhlen für Rotwild

Rotwild benötigt im Gegensatz zu Damwild eine Suhle. Darunter ist ein Schlammbad zu verstehen. Gibt es keine natürliche Suhlmöglichkeit,

Rotwild benötigt im Gegensatz zu Damwild eine Suhle.

ist eine künstliche bereitzustellen. Dazu eignet sich ein ca. 2 x 1 m großes, mit Moorerde gefülltes Becken auf einer nur bedingt wasserdurchlässigen Bodenstelle, wie z. B. einem Lehmboden, mit genügender Wasserzufuhr. Der gestampfte Lehmboden kann auch auf eine 15 cm hohe Magerbetonwanne aufgebracht werden.

Fangeinrichtungen

Da die Kosten einer Immobilisation bei rund 30 bis 50 Euro liegen und lange Wartefristen nach einer Anwendung einzuhalten sind, ist für größere Betriebe und Betriebe mit Lebendtiervermarktung die Errichtung einer Fangeinrichtung zu überlegen. Fanganlagen können auch als Sortieranlagen zur Trennung des Kahlwildes von den Hirschen und als Behandlungsboxen verwendet werden. Das vielfach angewandte Modell „Tiemerding", eine Entwicklung eines deutschen Damwildzüchters, besteht aus einem eingezäunten Treibkorridor von 2 x 50 m. Dieser ist mit einem engmaschigen, elastischen Zaun begrenzt und im letzten Abschnitt mit Brettern verblendet. Die Fanganlage selbst hat helle Wände, die versetzt angeordnet sind. Ihre Boxen werden mit Schiebetüren begrenzt. Anschließend befindet sich eine 2,50 m lange Fangbox. Wichtig ist, dass die Tiere an die Anlage gewöhnt sind. Dazu wird sie an einem häufigen Aufenthaltsbereich auf eine Art errichtet, dass die Tiere sie oft passieren müssen oder sie überhaupt ständig als Witterungsschutz benutzen.

Ein einfaches Modell einer Fanganlage stellte uns Frau Julia Steinberger zur Verfügung (siehe Abb. auf Seite 92–94).

Eine Tötung durch Bolzenschuss, nachdem die Tiere in einer Fangbox fixiert worden sind, ist gesetzlich verboten (weil nicht damwildgerecht) und führt zudem zu einer schlechten Fleischqualität.

Fang- und Sortieranlage

Fixier- und Behandlungsbox

Modell einer Fanganlage (Verladeeinrichtung Steinberger)

Umsetzung

- Geringfügige Anpassungen im bestehenden Stall – Futterstand
- Einbau einer einfachen Trennwand im bestehenden Futterstand
- Einbau von Durchgängen und Toren (mit Seilen zum Zuziehen)

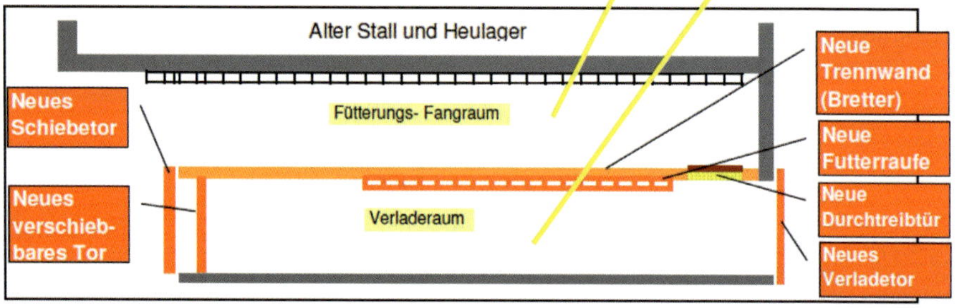

Kosten

- Bretter am Betrieb vorhanden
- Seile, Scharniere für Schiebetore wurden gekauft
- Eigenleistung mithilfe des Nachbarn
- Kosten: ca. 700 €

Verband Wildtierhalter 2011

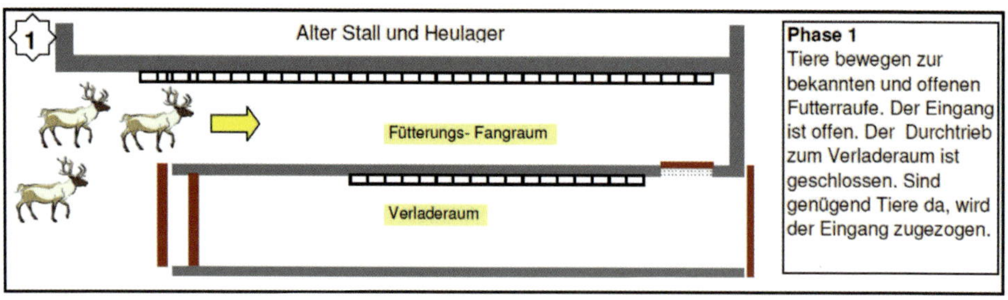

Phase 2

- Tiere sind im Fütterungsraum und werden in den Verladeraum gedrückt (durch den Durchtrieb)
- Anhänger wird draußen ausbruchsicher abgestellt

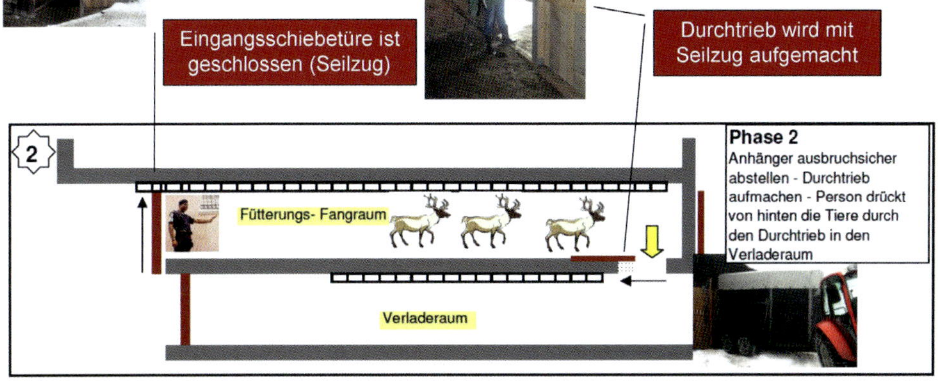

Phase 3

- Tiere sind im Verladeraum
- Können dort über Nacht oder Tag bleiben – Fütterung (Heu oder Silage) wird vorgelegt

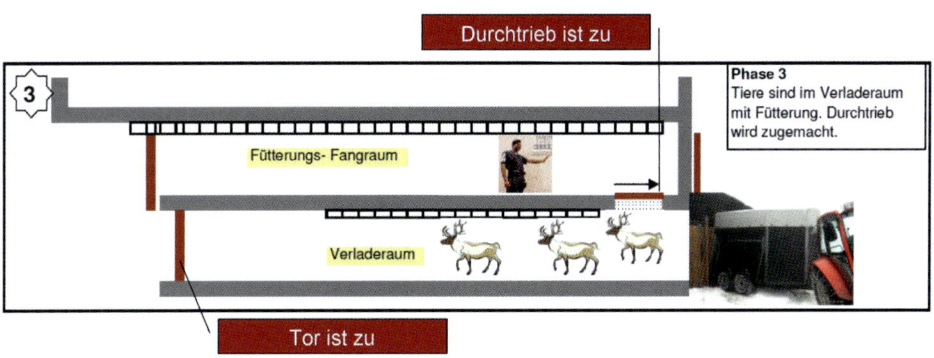

Phase 4 und 5

- Tiere werden auf Anhänger gedrückt (Tor des Verladeraums wird über Scharniere nach vorne gedrückt)

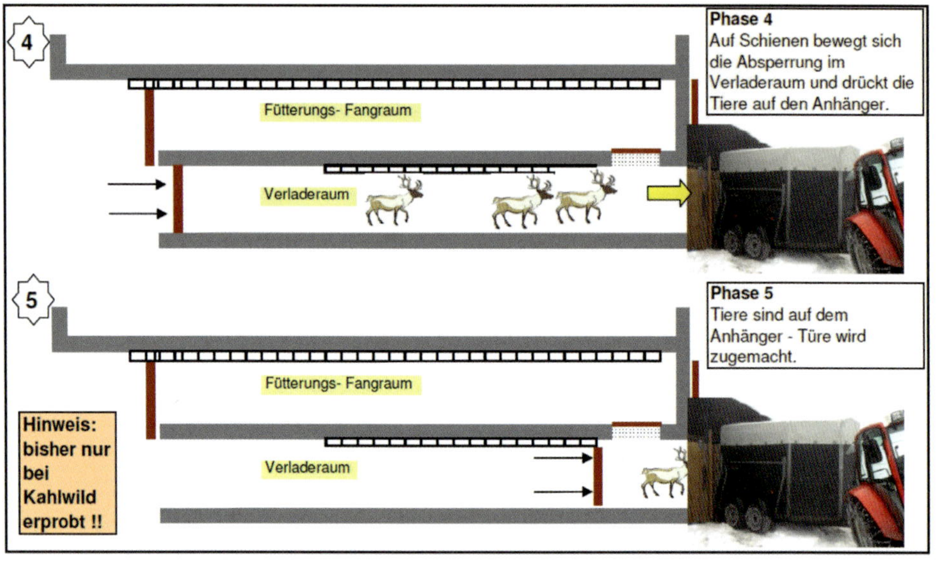

Herdenmanagement

Qualitätskriterien von Zuchttieren

Will man mit der Damwildzucht beginnen und ein Gehege neu beschicken, steht man unter anderem vor der Frage, welche Mängel auftreten können und wie man sie vorzeitig erkennen bzw. ausschließen kann. Vor allem ist auf die richtige Altersangabe, eine gute körperliche Entwicklung, Parasitenfreiheit und eine eventuelle Trächtigkeit zu achten.

Ein Problem kann darin bestehen, dass man keine genaue oder eine falsche **Altersangabe** erhält. Dies führt zu einer relativ schnellen Überalterung des Bestandes und einer kurzen Nutzungsdauer. Damit das nicht passiert, empfiehlt es sich, die Hilfe von erfahrenen Wildhaltern in Anspruch zu nehmen. Die Zahnabnutzung und Länge der Kieferäste geben Aufschluss über das Alter. Weiters gibt es bei ordentlichen Wildzüchtern Gehegebücher, in denen das Alter der gekennzeichneten Tiere genau aufgezeichnet ist. Eine sichere Möglichkeit zum Aufbau eines jungen Bestands ist ein Erstbesatz mit Kälbern.

Selten, aber doch kann Damwild von **Parasiten** befallen sein. Dem lässt sich durch Injektionen oder orale Zugabe von Entwurmungsmitteln und Medikamenten entgegenwirken. Auch **Untergewicht** führt zu Wachstums- und Entwicklungsdefiziten sowie Vermarktungsverlusten. Dem kann man durch Abwaage sowie durch eine visuelle Konditionseinschätzung begegnen. Grundsätzlich ist zu sagen, dass es keine Trächtigkeitsgarantie gibt. Vor allem bei Schmaltieren kann man nicht mit Sicherheit von einer **Trächtigkeit** ausgehen. Eine relativ hohe Wahrscheinlichkeit besteht bei Alttieren im Alter von vier bis sechs Jahren.

Knapp vor der Setzzeit

Bevor man jedoch mit der Beschickung eines Gatters beginnt, sollte man sich überlegen, wie rasch man mit Erlösen rechnen möchte. Eine Variante besteht darin, erwachsene Zuchttiere zur sofortigen Belegung zu kaufen. Eine weitere Möglichkeit ist, eine Zuchtherde aufzubauen. Dazu benötigt man nur wenig erwachsene Zuchttiere, sondern überwiegend Kälber. Will man eine Vermarktungsherde mit Spießern aufbauen, benötigt man wenig erwachsene Zuchttiere, aber überwiegend männliche Spießer.

Bei all diesen Überlegungen darf man aber auch nicht außer Acht lassen, dass das Wild einige Zeit benötigt, um sich in der neuen Umgebung einzugewöhnen, und weiters, dass der Transport oder eine etwaige Narkotisierung der beschlagenen Tiere zu Stress führen kann.

Kauft man Zuchtwild aus anderen Gehegen, so ist es sehr wichtig, darauf zu achten, dass durch den Zukauf keine kranken Tiere die eigene Herde anstecken können bzw. Parasiten eingeschleppt werden.

Wichtig!

Grundsätzlich ist zu sagen, dass die Gefahr durch Inzucht weit überschätzt, die Gefahr durch Einschleppung von Krankheiten beim Zukauf unterschätzt wird.

Mindestgröße und Besatzdichte

Neben den gesetzlichen Bestimmungen leiten sich die Mindestgröße eines Geheges und die Besatzdichte aus tierschutzrechtlichen Gründen ab. Demnach muss die Mindestgehegefläche für Damwild 1 ha und für Rotwild 2 ha betragen.

Durch die Wahl der Besatzdichte und die Zufütterung von Grund- und Kraftfutter ist die Erhaltung der Bodenvegetation sicherzustellen.

Gehegegrößen und Besatzdichten

	Rotwild, Davidshirsche	Damwild, Sikawild
Mindestgehegegröße	2 ha	1 ha
Maximale Besatzdichte	10 adulte Tiere/ha	20 adulte Tiere/ha
Mindestfläche Witterungsschutz	4 m^2/adultes Tier	2 m^2/adultes Tier

Zwei Tiere bis 18 Monate entsprechen einem adulten Tier. Gehege, die eine geringere Fläche aufweisen, gelten als Zooanlage; für sie gelten besondere Bestimmungen.

Wie hoch nun der tatsächliche Besatz in einem Gatter sein soll, hängt nicht nur von der gesetzlich zulässigen Stückzahl ab, sondern auch von der Ertragkraft des Bodens. Erfahrungen zufolge können in etwa sechs bis zwölf Muttertiere samt Nachzucht und entsprechender Hirschzahl bei Damwild pro ha (zwei bis fünf Stück weibliches Rotwild, wiederum mit Nachzucht und entsprechender Hirschzahl) gehalten werden. Ist der Besatz zu hoch, leidet die Grasnarbe, die Pflanzenvielfalt nimmt schneller ab, der Infektionsdruck steigt rapide an, Krankheiten treten vermehrt auf und infolgedessen kommt es zu wirtschaftlichen Einbußen. Sind zu wenige Tiere auf der Weide, wachsen die Gräser schneller aus und es ist eine aufwendigere Weidepflege notwendig.

Geschlechterverhältnis

Damit das Zusammenleben unter den Tieren im Gehege reibungslos abläuft und die Tiere zuverlässig beschlagen werden, ist u. a. das Mengenverhältnis zwischen Kahlwild und Geweihtragenden zu beachten. Das Gatter muss so dimensioniert sein, dass darin mindestens eine Kleinfamilie – also vier erwachsene Rot- oder Damwildtiere und ein Hirsch im Alter von mindestens zwei Jahren – gehalten werden kann. Aus biologischen, aber auch aus wirtschaftlichen Gründen sollten je Haupt- bzw. Platzhirsch und einem wesentlich schwächeren Beihirsch maximal 20 Tiere in einem Gatter vorhanden sein. Bei einer Gesamtfläche von unter 50 ha sollen nicht mehrere Rudel gehalten werden, da die Beunruhigung und Verletzungsgefahr vor allem während der Brunft zu hoch ist.

Bestandsaufbau

Neueinsteiger sollten nicht mit einer reinen Kälber- oder Schmaltiergruppe anfangen, sondern mindestens ein Alttier halten, das die Leitung des Rudels übernehmen kann. Werden beschlagene Tiere zugekauft, so ist im ersten Jahr eine Hirschhaltung zwar theoretisch nicht erforderlich, zwecks besserer Eingewöhnung ist ein Erstbesatz mit einem Hirsch oder gut entwickelten Spießer aber trotzdem ratsam. Ab dem zweiten Jahr erfolgt dann der Verkauf bzw. die Schlachtung der Spießer und Schmaltiere. Hirsche werden am besten vor der Brunft ausgewechselt, da schwächere und zu alte Hirsche sonst mitunter zu Tode geforkelt werden.

Zwecks besserer Eingewöhnung ist ein Erstbesatz mit einem Hirsch ratsam.

Weideführung/Koppelung

Weidehygienische Gründe sprechen für die Koppelwirtschaft. Dabei wird das Gehege je nach Größe ein- oder mehrmals abgeteilt. Die Vorteile der Gehegekoppelung reichen von der Vorbeugung gegen Verwurmung bis zur Vermeidung von zu starkem Verbiss der Grasnarbe. Bei einer Größe der Gesamtherde von mehr als 50 Muttertieren kann zudem eine Trennung der Zuchttiere und des Nachwuchses wirtschaftliche Vorteile bringen. Ist die Gesamtfläche der Weide jedoch kleiner als 1 ha, ist eine Koppelung nicht sinnvoll.

So kann die jeweils nicht benützte Fläche erforderlichenfalls gedüngt oder nachgesät werden. Außerdem besteht die Möglichkeit, diese Flächen zu mähen oder zu mulchen, was wesentlich zur Erhaltung der Grasnarbe und zur Verbesserung der Pflanzenzusammensetzung beiträgt. Ein weiterer Vorteil, der für die Gehegekoppelung spricht, ist die Schonung der Weide. Vor allem im Frühjahr benötigt Damwild ausreichend Weide. Ist der Besatz zu hoch und der Aufwuchsleistung nicht angepasst, so werden die jungen Triebe und die Grasstoppel – wichtige Speicher für Reservestoffe – abgeweidet und abgebissen. Wertvolle Gräser können dann nicht mehr austreiben und verschwinden, dafür nehmen minderwertige Pflanzenarten zu.

Deutsche Untersuchungen haben gezeigt, dass trotz optimalem Weidebesatz und entsprechender leistungsgerechter Beifütterung aufgrund von ständiger Beweidung der Futterzuwachs auf Damwildweiden von Wachstumsbeginn in der zweiten Märzhälfte bis Anfang Mai nur halb so hoch wie auf Rinderweiden war. Nach einer Fressperiode sollte der Weide eine mindestens vierwöchige Pause gegönnt werden, in der die Pflanzen Zeit zur Einlagerung von Reservestoffen erhalten. Dadurch kann auch der extrem tiefe Verbiss durch das Damwild verhindert werden.

Koppelhaltung vermindert auch das Risiko einer Ansteckung mit Parasiten und erleichtert deren Bekämpfung beträchtlich. Entwurmungsmittel kann dem Wild kurz vor dem Weidewechsel gegeben werden, Parasiten werden dann noch auf der alten Weide ausgeschieden.

Ein Nachteil besteht in den höheren Zaunkosten, wobei jedoch, wenn die Koppelung innerhalb eines Gatters erfolgt, ein einfacher, billigerer Zaun verwendet werden kann. Aber auch Kosten für zusätzliche Wasserstellen sind zu berücksichtigen, ebenso wie der erhöhte Arbeitsaufwand für die Weideführung. Je nach Geländestruktur und Anordnung der Gatter ist auch zu überlegen, wie das Wild mit möglichst geringem Aufwand von einem Gatter in das andere gelangen kann. Ein Treiben ist nicht möglich, ein Locken mit Mais etc. jedoch schon. Vor allem dann, wenn das Futter in einem Gatter nicht mehr ausreichend ist, wandert das Wild gerne in das andere Gatter.

Weide-Vielfalt: Ein Teil des Geheges wurde gemäht, ein Teil nicht. Den Tieren steht somit energiereicherer Jungaufwuchs und strukturreiches Altgras zur Verfügung.

Gehegeführung und Kennzeichnung

Ein **Gehegebuch** zu führen, erfordert zwar einigen Aufwand, ist aber trotzdem sehr wichtig, um die notwendige Kontrolle über seinen Betrieb zu haben. In das Gehegebuch werden alle Bestandsveränderungen, wie der Zu- und Abgang von Tieren mit Datum, Herkunft, Verlusten, tierärztlichen Behandlungen etc., festgehalten.

Darüber hinaus ist eine Kennzeichnung der Tiere zwar nicht gesetzlich verbindlich vorgeschrieben, aber dennoch sehr hilfreich bei Verkäufen, Abschüssen oder zur Eigentumskennzeichnung. Sie kann in den ersten beiden Tagen nach der Geburt erfolgen, da das Wild zu diesem Zeitpunkt noch keinen Fluchtreflex hat.

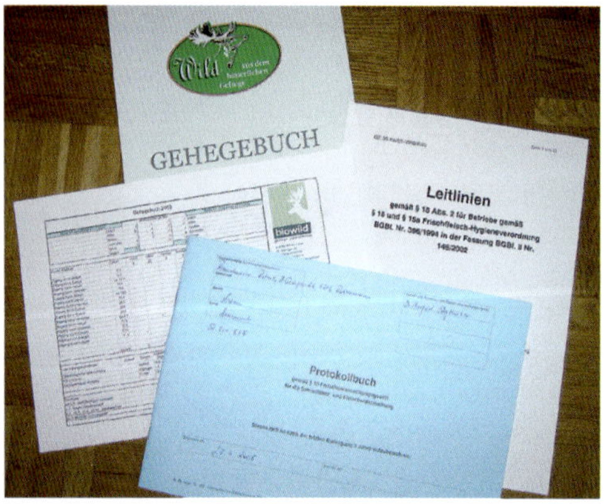

Gehegebuch

Halsbänder

Eine Möglichkeit der Kennzeichnung sind Halsbänder, die dem Trägerumfang des Tieres angepasst werden. Dabei ist allerdings zu beachten, dass sie nicht zu lose hängen, damit sich das Tier beim Fressen nicht in einem Lauf, in Gestrüpp o. Ä. verfangen kann. Andererseits dürfen sie aber auch nicht zu eng angelegt werden, weil sich das Tier noch im Wachstum befindet. Diese Halsbänder sind im Alter von neun bis zwölf Monaten zu entfernen und durch größere zu ersetzen, die dann zeitlebens getragen werden können. Dazu müssen die Tiere aber eingefangen werden.

Halsbänder sind unüblich.

Ohrmarken

Am häufigsten werden Leichtmetall- oder Plastikohrmarken verwendet. Zur leichteren Unterscheidung bekommen sie männliche Tiere am linken Ohr und weibliche am rechten; möglich ist es auch, nur die weiblichen Tiere zu kennzeichnen. Um das Geburtsjahr auf Anhieb zu erkennen, kann man mit verschiedenen Farben arbeiten. Problematisch am Ohrmarkensetzen bei sehr jungen Kälbern ist die Verletzungsanfäl-

Im weichen Ohr der Jungen reißen Ohrmarken leicht aus, in den ersten Lebenstagen sind sie jedoch einfach ohne Narkose zu setzen.

ligkeit. Aus den weichen, kleinen Ohren reißen die Marken leicht aus bzw. werden von den Muttertieren weggebissen. Um dies zu vermeiden, kann man größeren Tieren unter Narkose Ohrmarken setzen – spätestens beim Zukauf von Zuchttieren. Auf diese Weise sind zumindest die Muttertiere einwandfrei gekennzeichnet, was die Unterscheidung bei der Entnahme der Schmaltiere erleichtert.

Weide- und Bestandshygiene

Auch wenn die Damwildhaltung extensiv betrieben wird, helfen ein paar einfache Hygienemaßnahmen, damit die Tiere gesund bleiben und Behandlungen erst gar nicht nötig werden. Zu diesen Maßnahmen zählt eine tägliche Bestandskontrolle ebenso wie ein Zukauf aus gesunden Beständen. Mit einer Umtriebsweide, also der abwechselnden Haltung auf verschiedenen Koppeln, regelmäßigen Kot-Untersuchungen auf Parasiten und – wenn erforderlich – Entwurmungen kann der Krankheits- und Parasitendruck niedrig gehalten werden. Dabei hilft auch eine Befestigung und Reinigung der Fressplätze sowie deren Desinfektion mit Kalk. Selbstverständlich muss das Trinkwasser frisch und hygienisch unbedenklich sein. Ein hasendichter Zaun verhindert das Eindringen anderer Tiere, die Infektionen einschleppen könnten. Sollte trotzdem ein Tier ohne sichtbare Anzeichen verenden, empfiehlt sich eine tierärztliche Untersuchung. Nach den Tierseuchengesetzen ist diese ohnehin oft gesetzlich vorgeschrieben.

Eine Kotuntersuchung auf Parasiten sollte regelmäßig durchgeführt werden.

Kotbeseitigung

Aufgrund der Weidehaltung verteilen die Tiere ihren Kot im Allgemeinen auf der Fläche des Geheges, sodass kein Misthaufen oder sonst eine Dunglagerstätte notwendig ist. Bei bevorzugten Liegeplätzen wird zumeist mehr Losung gelassen, was wiederum ein idealer Nährboden für Brennnesseln ist. Eine Verteilung durch gelegentliches Wiesenstriegeln und eine gezielte Brennnesselbekämpfung beugen einem Überhandnehmen vor und fördern einen ausgeglichenen Pflanzenbestand. Lediglich im Bereich der Fütterungen und Unterstände kann es zu konzentrierten Ablagerungen kommen, die regelmäßig entfernt werden sollen. Dieser Mist kann kompostiert und im Garten, auf Äckern oder Wiesen eingesetzt werden.

Im Bereich der Fütterung kann es zu konzentrierter Kotablagerung kommen.

PRAXISTIPPS: Errichtung und Betrieb

- **(Obst-)Bäume** im Gehege bieten Deckung, Schatten und Früchte. Werden Bäume neu gesetzt, sollte ihr Abstand so groß sein, dass mit Traktor und Mähwerk durchgefahren werden kann. Wir haben unmittelbar an der Außenseite des Gehegezaunes eine Allee mit alten, hochstämmigen Obstsorten gesetzt. Dadurch kann der Baumschutz einfacher ausfallen, wir sind beim Mähen nicht behindert, Äpfel und Birnen fallen direkt ins Gehege. Andererseits bleibt auch für Jagdwild, Vögel und nicht zuletzt uns selbst genug Obst auf der Außenseite des Zaunes.
- Am besten eignet sich **Kernobst**, v. a. Äpfel und Birnen von alten Sorten. Steinobst mit großen Kernen, wie Zwetschken, sind weniger zu empfehlen, da sie schwer im Magen der Tiere liegen können.
- Die **Fütterungen** sollten im Winter für Mensch und Tier **gefahrlos zu erreichen** sein. Sie sollten sich daher nicht auf Böden mit Staunässe (Glatteisgefahr) oder im Gefahrenbereich von Dachlawinen befinden.

- Mit **Badewannen** lassen sich einfache, kostengünstige Tränken errichten. Diese müssen hohe Ränder haben, damit Kälber nicht hineinfallen können.
- Damwild beweidet das Gehege an sich sehr gut. Zur **Weidepflege** mulchen wir dennoch in regelmäßigen Abständen. Damit werden nicht gefressene Pflanzen (Rasenschmiele, Brennnessel u. Ä.) gemäht, zerkleinert und auf der Fläche belassen. Losung und Maulwurfshügel werden gut verteilt. Wird der am Traktor aufgebaute Schlägelhäcksler tiefer gestellt, werden auch Bodenunebenheiten und Trittsteige planiert.

- Zum Schutz eines vielfältigen Pflanzenbestandes und zur wirksamen Parasitenvorbeugung ist es vorteilhaft, die Gehegeflächen dann und wann zu mähen und das Futter abzuführen. Eine gelegentliche **Ausgleichsdüngung** und – sofern erforderlich – Übersaat mit einer **Weidegrasmischung** sichern futterwüchsige Weiden und damit ein gutes Wachstum der Tiere.
- Im Gegensatz zu Neuseeland ist hierzulande eine Nutzungswechsel-Weidehaltung (1 Jahr Farmwild – 1 Jahr Rinderhaltung – 1 Jahr Weideumbruch) nicht üblich.

- Eine gemischte Beweidung mit anderen Kleinwiederkäuern, etwa Schafen, ist wegen des Parasitenrisikos abzulehnen. Hingegen bewährt es sich, wenn auf der Gehegefläche auch **Hühner** gehalten werden, die Würmer und Wurmeier wirkungsvoll bekämpfen.
- Vor allem bei kleineren Tierbeständen ist der **Zaun** der **größte Kostenfaktor**. Trotzdem sollte hier nicht gespart werden. Wegen der deutlich längeren Haltbarkeit verwenden wir Akazienpfähle und dreifach verzinktes Knotengitter.
- In den ersten Jahren entkamen uns trotz 2 m hohen Zaunes immer wieder Tiere, und zwar ausschließlich durch unscheinbare kleine Löcher am Boden. Daher ist es besonders bei Damwild wichtig, den Zaun am Boden zu kontrollieren und auszubessern. Vor allem an den Wechseln des Dachses wird der Zaun immer wieder untergraben.
- Wenn Wild aus dem Gehege entkommt, kann es zu Eigentumsstreitigkeiten – vor allem bei gut entwickelten Zuchthirschen – kommen. **Ohrmarken** beugen derartigen Problemen vor.

Ernährung

Nährstoffbedarf

Fütterung

Entwicklung der Jungtiere

Praxistipps: Fütterung

Damwild gehört, wie auch das Rotwild, zu den Wiederkäuern. Das bedeutet, dass es rohfaserreiche, nährstoffarme und schwer aufschließbare Nahrung verwerten kann. Dafür besitzt es einen aus vier Mägen bestehenden **Wiederkäuermagen**.

Nach der Art ihrer Nahrung werden verschiedene Äsungstypen unterschieden: **Konzentratselektierer**, wie Reh und Elch, **Grobfaserfresser**, wie Rind, Schaf und Mufflon, und schließlich ein **Intermediärtyp**, zu dem Rot- und Damwild sowie das Rentier zählen. Konzentratselektierer sind sehr wählerisch und haben häufige, jedoch nur kurze Äsungsphasen. Grobfaserfresser hingegen sind nicht wählerisch und fressen vor allem grobe Gräser in langen, dafür wenigen Äsungsphasen. Rot- und Damwild gehört zum Intermediärtyp mit Tendenz zum Grasfresser. Es ist im Fressverhalten

Schematische Darstellung des Verdauungssystems

Wiederkäuer

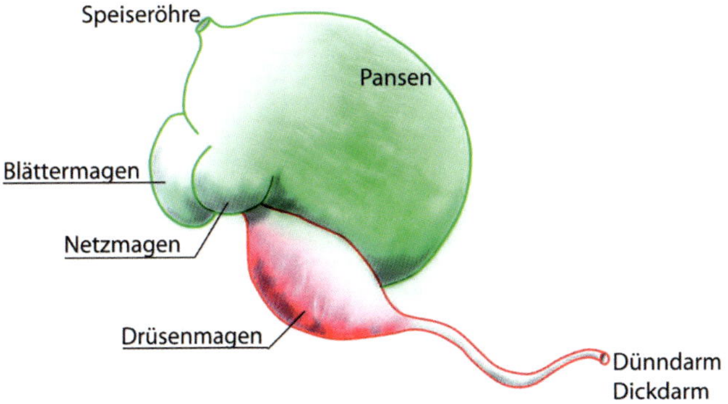

Organe und Mägen des Damwildes

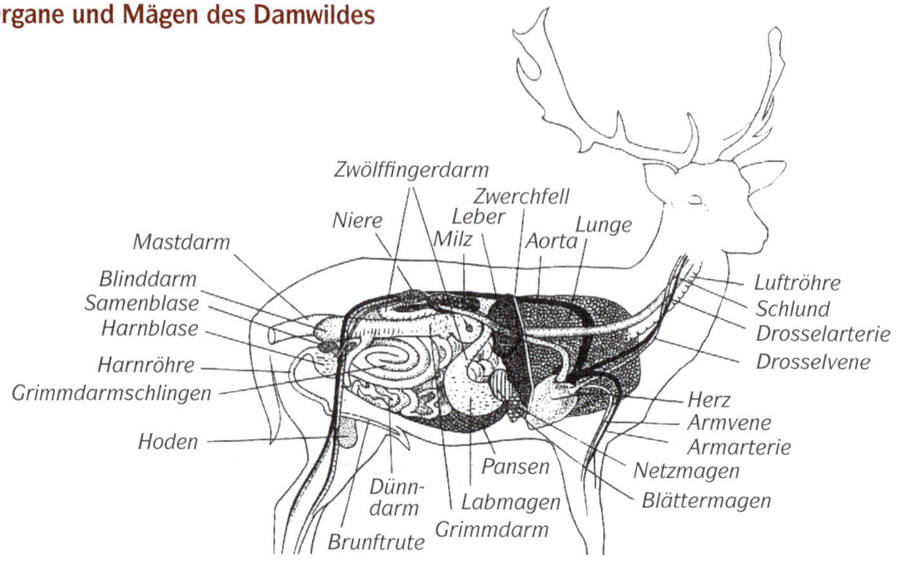

Wiederkäuendes Mesopotamisches Damwild

flexibel und daher weniger auf die Selektion hochwertigen Pflanzenmaterials angewiesen.

Die aufgenommene Nahrung wird zerkleinert, eingespeichelt und geschluckt. Dabei wird eine große Speichelmenge benötigt, abhängig von der Art der Nahrung bzw. dem Wassergehalt darin. Der Speichel erleichtert den Schluckvorgang und setzt Geschmackstoffe in der Nahrung frei.

Ist der Pansen zur Hälfte gefüllt, tritt eine Sättigung ein. Das Wiederkauen setzt nach ca. 20 bis 40 Minuten ein. Dabei wird die zuerst nur grob zerteilte Nahrung durch Reflexe wieder hochgewürgt und wiedergekäut. Je gröber strukturiert die Nahrung ist, desto intensiver wird wiedergekäut. Dazu benötigen die Tiere Ruhe. Bei Stress kann das Wiederkauen unterdrückt werden.

Im **Pansen** werden Kohlenhydrate, Stärke, Zucker, Zellulose und Fette abgebaut. Die pflanzliche Nahrung kann nur mithilfe von Enzymen spezieller Bakterien aufgeschlossen werden. Dies beginnt im Pansen und im **Netzmagen**, wo die Vergärung erfolgt. Die Spaltprodukte dieser Vergärung werden dem Organismus unmittelbar als Energie zugeführt. Der Pansen ist auch der größte Teil des Verdauungstraktes. Damwild hat im Vergleich mit Rotwild und Rehwild das größte Volumen im Verhältnis zum Körpergewicht.

Im **Blättermagen** werden der Nahrung Flüssigkeit und Mineralstoffe entzogen.

Nehmen die Tiere zu viele leicht lösliche Kohlenhydrate, wie Stärke oder Zucker, zu sich, führt dies schlussendlich zu einer Übersäuerung des Pansens, was den Tod zur Folge haben kann. Erfolgt die Nahrungsumstellung hingegen schrittweise, kann sich das Damwild bzw. können sich dessen Mikroorganismen gut anpassen.

Im **Labmagen** beginnt die Verdauung mit dem Abbau der Nährstoffe. Im Darm setzt durch Bauchspeicheldrüse und Leber die Fettverdauung ein und im Blinddarm erfolgt ein weiterer Zelluloseabbau. Im Grimmdarm erfolgt noch ein Wasserentzug und im letzten Teil des Dickdarms wird die verdaute Nahrung gesammelt und dann ausgeschieden.

Nährstoffbedarf

Energie

Der Gesamtbedarf an Energie beträgt für ein 50 kg schweres Rot- oder Damwild ca. 7.500 bis 8.000 kJ und für ein 100 kg schweres Stück ca. 13.000 kJ. Er ist abhängig vom Grundumsatz sowie vom Erhaltungs- und Leistungsbedarf. Der Erhaltungsbedarf gilt für Wild ohne größere Bewegung. Ruhig ziehendes Wild benötigt 50 % mehr Energie, flüchtendes Wild sogar um bis zu achtmal so viel. Der Energieverbrauch zum Temperaturausgleich ist durch die gute Isolierung, durch die Unterhautfettschicht und die Winterdecke an windstillen, trockenen Wintertagen nicht viel höher als im Sommer.

Eiweiß

Die optimale Eiweiß- und Mineralstoffversorgung ist vor allem für den Haarwechsel und für die Entwicklung des Geweihs, aber auch für die Entwicklung des Fötus wichtig. Das Geweih besteht zu 50 % aus organischer, insbesondere eiweißhaltiger Substanz.

Im Frühjahr erhält das Wild Eiweiß durch das junge, eiweißreiche Weidegras. Eine zusätzliche Beifütterung von hochwertigem Eiweiß ist weder aus physiologischer noch aus ökonomischer Sicht sinnvoll. Damwild kann als Wiederkäuer mit sehr geringen Mengen Eiweiß in der Nahrung auskommen und ist durch die

Vormagenverdauung imstande, geringwertiges pflanzliches Eiweiß zu hochwertigem Mikrobeneiweiß umzubauen.

Mineralstoffe und Vitamine

Vitamine und Mineralstoffe sind von großer Bedeutung, da bei falsch zusammengesetzter Futterration bzw. schlechter Futterqualität schnell Mangelerscheinungen auftreten können. Typische Anzeichen sind eine struppige Decke, Fressunlust, Kümmern (v. a. bei Kälbern), verringerte Widerstandskraft und Fruchtbarkeitsstörungen.

Mineralstoffe sind wichtige Nahrungsbestandteile für den Zellstoffwechsel und die Stützfunktionen. Neben der Mineralstoffeinlagerung während des Wachstums, der Trächtigkeit und bei der Geweihbildung müssen die mit der Losung, dem Harn, dem Schweiß und der Milch ausgeschiedenen Mengen laufend ersetzt werden. Die Mineralstoffverwertung hängt von der Beschaffenheit der Nahrung, aber auch vom Alter, den Leistungen und der Versorgungslage der Tiere ab. Besonders Jungtiere, beschlagene und führende Alttiere sowie Hirsche während des Geweihschiebens benötigen mehr Mineralstoffe.

Natrium ist im Gegensatz zu **Kalium** in der natürlichen Pflanzennahrung in geringerem Ausmaß enthalten, sodass die Tiere einen zusätzlichen Natriumbedarf haben. Dem kann man einfach mit einem Salzleckstein abhelfen. Spurenelemente, wie **Eisen**, **Kupfer**, **Kobalt**, **Mangan**, **Zink**, **Selen** und **Jod**, sind wichtig für die Enzymwirkungen und als Bestandteil des Blutfarbstoffes. Außer in jenen Fällen, in denen das Gehege auf einem ausgesprochenen Selen- oder Zinkmangelboden liegt, ist bei Ernährung durch die Weide kein Mangel zu befürchten. Damwild reagiert empfindlich auf überhöhte **Kupfergaben**, während Rotwild diesbezüglich toleranter ist.

Im Unterschied zu anderen Säugern sind Wiederkäuer nicht auf die Zufuhr von wasserlöslichen **B-Vitaminen**, auf **Vitamin C** oder das fettlösliche **Vitamin K** angewiesen, da diese von den Pansenmikroorganismen gebildet werden. Durch einseitige Ernährung kann jedoch eine Unterversorgung mit den fettlöslichen **Vitaminen A, D** und **E** auftreten.

Fütterung

Allgemeines

Die Fütterung macht einen wesentlichen Unterschied zwischen extensiver und intensiver Wildhaltung aus. Sie ist ein bedeutender Kostenfaktor – immerhin betragen die Futterkosten 60 bis 70 % der Produktionskosten. Niedrig sind die Futterkosten vor allem dann, wenn nur kurze Zeit im Jahr beigefüttert wird.

Der Futterverzehr richtet sich nach verschiedenen Kriterien, wie Jahreszeit (Sommer oder Winter), Pflanzenzusammensetzung im Gehege, Angebot an Zusatzfutter sowie Futterqualität (Geschmack, Geruch etc.). Das Futterangebot wird nach Herkunft, Nährstoffzusammensetzung, Wassergehalt, Struktur und Verdaulichkeit eingeteilt.

So versteht man unter **Saftfutter** Mais-, Gras-, Möhren- und Pressschnitzelsilage, Obsttrester, Biertreber, Wurzeln und Knollen, wie Möhren, Kartoffeln, Zucker-, Gehalts- oder Runkelrüben. Grassilage enthält im Unterschied zu Maissilage mehr Eiweiß und Carotin. Beide Silagen sind energiereich, während Trester und Möhrensilagen nährstoffarm sind, vom Wild aber gerne angenommen werden und daher auch als Lockmittel dienen können. Auch Karotten und Rüben enthalten viel Wasser und leicht verdauliche Kohlenhydrate, sind allerdings nährstoffarm. Karotten wird allerdings eine parasitenabführende Wirkung nachgesagt. Silage bietet viel Flüssigkeit und verbessert meist die Eiweiß-, Kalzium- und Carotinversorgung.

Kraft- oder **Mischfutter** sind Getreidekörner und Rückstände der Industrieverarbeitung, wie z. B. Melasseschnitzel, Extraktionsschrote, Kleie, Kleber und Schlempe. Getreide ist stärkereich, Hülsenfrüchte, wie Bohnen etc., proteinreich, Sojabohnen fettreich. Mais ist sehr energiereich.

Als **Raufutter** wird trockenes Heu, aber auch Stroh bezeichnet, das dem Wiederkäuermagen strukturreiche Nahrung zuführt. Zur Wildfütterung eignet sich vor allem Heu vom ersten Schnitt, das spät gemäht wurde.

Frühjahrsfütterung

Im Frühjahr finden beim Damwild hormonell gesteuerte Veränderungen statt. Das ist auch die Zeit der meisten Ausfälle, denn die Tiere sind durch den Winter und den Fellwechsel geschwächt und durch die Nahrungsumstellung auf das einweißreiche Gras sehr anfällig für Parasiten. Daher ist es ratsam, eine Entwurmung am Ende des Winters durchzuführen.

Die Jungtiere kommen in eine intensive Wachstumsphase, die durch eine leistungsgerechte Fütterung unterstützt werden kann. Ab Anfang Juni sinken die Zunahmen dann um 50 %. Für die Föten im Leib der Muttertiere sind die letzten zwei Monate entscheidend. Fünf Wochen vor dem Setztermin müssen die Muttertiere genügend Reserven für die Milchproduktion nach der Geburt angelegt haben. Zudem

Prossholz wird sehr gerne angenommen.

vollzieht sich im Frühjahr der Haarwechsel und es beginnt das Schieben des neuen Geweihs.

Da das Hauptwachstum der Weide erst im späten Frühjahr erreicht wird, der höchste Bedarf aber schon ab April besteht, kann es bei hohem Flächenbesatz zu einer Unterversorgung der Tiere kommen. Damwild müsste – im Gegensatz zu Rehen – der Klimawandel eher zugute kommen. Denn wie französische Untersuchungen gezeigt haben, verschiebt sich durch den Klimawandel die Reife der wichtigsten Futterpflanzen um zwei bis drei Wochen nach vorne, während die Setzzeit der Rehe gleich bleibt und sie somit in der Zeit der stärksten Milchproduktion nicht mehr so gehaltvolles Futter zur Verfügung haben wie früher.

Junges Gras hat einen geringen Trockensubstanz- und Rohfasergehalt, ist einweißreich und energiearm. Die fehlende Struktur kann dem Magen schaden, da zur richtigen Funktion der Pansenmotorik ein Rohfasergehalt von mindestens 18 % sichergestellt sein sollte. Dazu müssen 50 % der aufgenommenen Futtermenge strukturiert sein. Zum Energieausgleich wird auch die Zufütterung von Getreidemischungen, Maissilage oder Futterrüben empfohlen. Ohne Ausgleichsfütterung wird die Leber belastet. Eine Fütterung nur mit energiereichem Futter ohne Struktur führt zu einer Übersäuerung des Magens und zu Pansenacidose. Wird hingegen nur energiearmes Strukturfutter verabreicht, steigen der Speichelfluss und der pH-Wert in den Vormägen, die Tiere erkranken an Ketose. Auch auf die ausreichende Mineralstoffversorgung ist zu achten, da das junge Gras mineralstoffarm ist. Hier genügt üblicherweise ein magnesiumreicher Mineralleckstein. Der Kupfergehalt sollte maximal 15 mg/kg betragen, das Verhältnis von Kalzium zu Phosphor 2 : 1. Eine lang andauernde Unterversorgung mit diesen Stoffen führt zu schlechter Geweihbildung und Knochenschwäche.

Die Tiere holen sich die dem Weideaufwuchs fehlenden Inhaltsstoffe selbst auch anderswo: Bevorzugt im Frühjahr schälen die Tiere Bäume und nehmen Obstbaumschnitte gerne an. Bewährt hat sich die Zufütterung von grobem Heu und Grassilage vom 1. Schnitt. Diese Frühjahrsfütterung sollte bis Mitte Mai beibehalten werden. Hingegen ist es sehr wichtig, die Silofütterung bei steigenden Frühjahrstemperaturen einzustellen und die Futterstellen insbesondere von verschimmelten Futterresten gründlich zu reinigen.

Winterfütterung

Laut verschiedenen deutschen Untersuchungen kann von einem täglichen Energiebedarf im Winter von 8 bis 11 MJ ausgegangen werden, wobei der niedrigere Bedarf bei Kälbern und der höhere bei Hirschen besteht, Tiere benötigen ca. 8,5 MJ. Der tägliche Eiweißbedarf beträgt 75 (Kälber), 100 (Tiere) bzw. 135 g (Hirsche). Die wichtigsten Mineralstoffe in dieser Zeit sind Kalzium, Phosphor, Magnesium und Natrium. Wenn im Winter die natürliche Äsung nicht ausreicht, können Rüben, Mais- oder Grassilage (1 bis 2 kg/Stk. Damwild), Wiesenheu (500 g) und geringe Mengen an Kraftfutter (200 g) gefüttert werden. Je nach Standort des

Tiere an der Raufe

Geheges beträgt die Dauer der Winterfütterungszeit durchschnittlich 150 bis 160 Tage und geht von November bis April. Gerade bei wärmerem Wetter kommt es zu unerwünschter Nachgärung. Durch die damit verbundene Schimmelbildung entstehen Mykotoxine, die zu Fruchtbarkeitsproblemen führen können. Daher soll schnell verderbliche Nahrung, wie Silage, rasch verbraucht und bereits verdorbenes Futter unmittelbar entfernt werden.

Als grober Richtwert kann gelten, dass bei freier Entnahme ein Ballen Grassilage und 30 bis 50 kg Heu pro Woche von 40 Stück Wild verzehrt werden. In der extensiven Haltung, vor allem der biologischen Landwirtschaft, kann auf das teure Kraftfutter grundsätzlich verzichtet werden.

Sommerfütterung

Im Frühjahr benötigt Damwild ausreichend Weide. Auf eine Zufütterung kann dann verzichtet werden. In der Umstellungsphase von Winter- auf Sommerfütterung sollte einige Zeit Heu zur Verfügung gestellt werden, damit die Tiere ihre Verdauung umgewöhnen können, was in der Frühjahrsfütterung aber ohnehin angeraten ist.

Wasser

In allen Gehegen muss stets frisches Wasser mit Trinkwasserqualität zur Verfügung stehen. Dieses kann entweder aus einem offenen Gewässer oder durch Tränken angeboten werden. Gerade bei der Anlage von Tränken ist zu beachten, dass Damwildkälber nicht hineinfallen und ertrinken können.

Wie viel Wasser nun tatsächlich benötigt wird, hängt vom Futterangebot ab. Ist das Futter sehr trocken, ist mehr Wasser erforderlich und umgekehrt. Im Schnitt rechnet man mit einem Wasserverbrauch von ca. 2,5 l pro 100 kg Lebendgewicht und Tag. In der Weideperiode sinkt der Bedarf. Damkälber benötigen in etwa 0,5 l im Frühjahr und 1 l im Sommer. Während der Säugeperiode ist auch der Wasserbedarf der Mütter erhöht. Rotwild benötigt etwa 5 l pro 100 kg Lebendgewicht und Tag, wobei auch hier bei Saftfutterzugabe der Bedarf auf ca. 3 l sinkt.

Entwicklung der Jungtiere

Beim frisch gesetzten Kalb macht der Labmagen über 50 % des Magensystems aus. In den folgenden Lebenswochen beginnt das Pansenwachstum, obwohl die Kälber zunächst nur gelegentlich festes Futter aufnehmen. Spätestens nach vier Monaten ist die Umstellungsphase vom Saugkalb zum Wiederkäuer abgeschlossen. Dam- und Rotwildkälber verdoppeln ihr Geburtsgewicht in zwei bis drei Wochen und nehmen in den ersten Lebenswochen etwa zwischen 150 und 460 g pro Tag zu.

Dadurch benötigen sie eine nährstoffreiche Milch. Gleich nach dem Setzen erhält das Kalb das Kolostrum, die Biestmilch. Diese Milch unterscheidet sich vor allem in Eiweißgehalt und -zusammensetzung stark von der späteren Milch. Sie liefert wichtige Immunstoffe und schützt so das Kalb vor Erkrankungen, überdies sorgt sie für den Abgang des Darmpechs. Später wird die Milch auch immer fetthaltiger. Damwild produziert in etwa 1,5 l Milch pro Tag, Rotwild ca. 3 l Milch.

Mutterlose Aufzucht

Dam- und Rotwildkälber benötigen die Milch zum Überleben und für ihre weitere Entwicklung. Üblicherweise bleiben die Kälber bei der Mutter und bekommen so deren Milch. Allerdings gibt es Situationen, in denen das nicht möglich ist, etwa, weil das Damkalb zu schwach ist, um trinken zu können, das Damtier das Kalb nicht annimmt oder die Mutter verstirbt. Dann ist es erforderlich, die Damkälber mit Ersatznahrung zu versorgen. Für diese Fälle kann Kolostralmilch von Kühen, besser noch von Ziegen oder Schafen, verwendet werden, die portionsweise eingefroren wurde und nun den Damkälbern mehrmals in den ersten beiden Lebenstagen gegeben wird. Zusätzlich zur Milch sollte man den Kälbern etwa ab dem fünften Tag steigende Mengen an Heu, Laub und Gras zur Verfügung stellen. Aber auch das für menschliche Ernährung gedachte Ersatzmilchpulver für Menschenbabys hat uns schon so manches neugeborene Damkalb gerettet.

Aufgrund des hohen Zeitaufwands will eine mutterlose Aufzucht sehr gründlich überlegt sein. Dazu verwendet man normale Babyfläschchen und füttert das Damwildkalb nach Bedarf, am Anfang alle zwei Stunden, auch in der Nacht. Zu viel Milch darf es am Anfang auch nicht auf einmal bekommen, damit sich seine Mägen ausbilden können. Und wie es auch das Muttertier macht, nämlich während des Trinkens des Kalbes den After des Kleinen zu lecken, so muss auch der Mensch in den ersten Lebenstagen den After mit der Hand stimulieren, damit es koten kann.

Flaschenaufzucht

PRAXISTIPPS: Fütterung

- Gerade in der Fütterung unterscheidet sich die extensive von der intensiven Fütterung. Das **Ziel** sollte jedenfalls sein, dass die Tiere sich möglichst selbstständig vom Weideaufwuchs ernähren und nur **wenig Zufütterung** nötig ist.
- Je weniger Futtermittel zugekauft werden müssen, desto wirtschaftlicher lässt sich die Wildhaltung betreiben. Vor allem Bio-Betriebe müssen auf die anerkannt biologische Herkunft ihrer Zukauf-Futtermittel achten und die entsprechenden Belege aufbewahren.
- Jungtiere wachsen rascher, wenn sie eine Zufütterung im Kälberschlupf erhalten. Wir verzichten darauf und kommen über den niedrigeren Flächenbesatz trotzdem zu guten Zuwachsleistungen.
- Die kostengünstigste Zufütterung erfolgt mit **wirtschaftseigenem Heu und Silagen**. Werden sie über den Maschinenring geerntet, erspart man sich teure Spezialmaschinen, die nur wenige Tage im Jahr benötigt werden.
- Wir bieten den Tieren **Heu und Grassilage „ad libitum"** an, d. h., die Tiere können rund um die Uhr zum bereitgestellten Futter. Auf diese Weise kommt es zu keinem Verdrängungswettkampf an der Fütterung, die somit auch nicht so groß dimensioniert sein muss.
- Die Fütterung muss die gesunde Ernährung der Tiere sicherstellen. Die einfachste Auskunft über die Tiergesundheit gibt die **regelmäßige Tierbeobachtung**: Tieren, die „gut im Futter stehen", ein sauberes Fell, wache Augen und ein artentsprechendes Verhalten haben, fehlt es üblicherweise an nichts. Veterinärwissenschaftliche Futterrationsberechnungen sind dann nicht notwendig.
- Zeigen sich jedoch Durchfall, schlechte Fruchtbarkeit, mangelnde Zuwachsleistung oder ähnliche Symptome, sollte gemeinsam mit dem Tierarzt der Ursache auf den Grund gegangen werden, die auch in einer falschen Ernährung liegen kann.
- Durch **regelmäßige Gabe von Lockfutter** werden auch scheue Tiere mit dem Menschen vertrauter. Dieses Lockfutter muss nicht unbedingt zugekauftes Getreide sein. Ideal eignen sich Streuobst, Kastanien u. Ä. Selbst (mit der Sense gemähtes) Gras vom Hausrasen – das sonst kompostiert werden müsste – lockt die Tiere aus der Deckung.
- Eine zu große Vertrautheit, vor allem der Hirsche, kann auch Gefahren bergen. Wenn sie ein blankes Geweih tragen, ist es ratsam, zumindest einen Stock ins Gehege mitzunehmen.

Gefahren und Krankheiten

Allgemeines

Damwild eignet sich auch deshalb sehr gut für die Gatterhaltung, da es sich bei artgerechter, hygienisch einwandfreier Haltung und Fütterung als besonders widerstandsfähig gegenüber Krankheiten erweist. Bei einer in Bayern durchgeführten Untersuchung entfielen auf Parasitosen 27 %, auf bakterielle Erkrankungen 28 %, auf fütterungsbedingte Erkrankungen und Mangelkrankheiten 38 % sowie auf sonstige Erkrankungen 7 %. Um Erkrankungen zu vermeiden oder zumindest hintanzuhalten, sind vor allem die Besatzdichte und die damit zusammenhängenden Haltungsbedingungen, wie Entwurmung, Futter- und Weidehygiene, zu beachten.

Parasitenbefall

Parasitenbefall ist bei artgerecht gehaltenem Gatterwild – speziell im Vergleich zu anderen Tierarten – zwar selten, er gilt aber in vielen Fällen als Wegbereiter für Infektionen mit Viren, Bakterien oder Pilzen. Zur Vermeidung von Verlusten durch Endoparasiten wird daher eine parasitologische Kotprobe empfohlen. Möglichst frischer Kot von verschiedenen Tieren wird gesammelt an ein Labor, etwa die Veterinärmedizinische Universität Wien, eingesandt. Anhand der Ergebnisse werden die erforderlichen Maßnahmen mit dem Betreuungstierarzt festgelegt.

Magen-, Darm-, Lungenwürmer, Leberegel

Zu den **Magen-Darm-Würmern** zählen verschiedene Spezies, darunter die in Magen und Dünndarm parasitierenden Haarwürmer sowie die

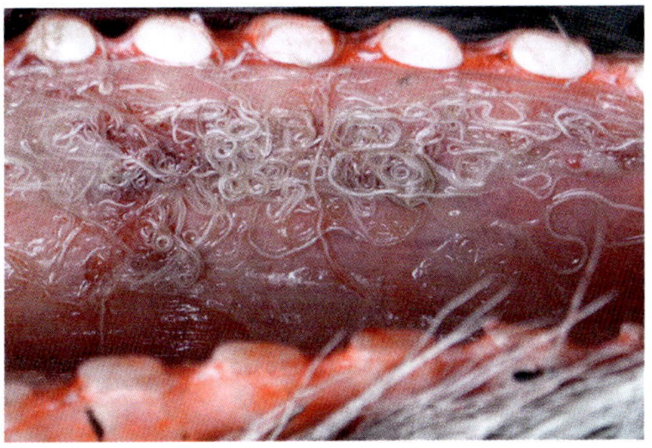

Große Lungenwürmer in der Luftröhre eines Rottieres

im Dickdarm parasitierenden Knötchen- und Peitschenwürmer. Starker Befall mit Magen-Darm-Würmern führt zu Abmagerung, Eiweißmangelödemen und Durchfall.

Bei den **Lungenwürmern** sind der Große Lungenwurm (*Dictyocaulus viviparus*) und die verschiedenen Arten des Kleinen Lungenwurms (*Varestrongylus sagittatus*) zu unterscheiden. Ein Befall mit dem Großen Lungenwurm äußert sich in Husten, forcierter Atmung und Abmagerung, während der wesentlich häufigere Befall mit Kleinen Lungenwürmern in der Regel symptomlos bleibt und nur bei der Schlachtung des Tieres auffällt. Die Lunge zeigt dann umschriebene weißlich-gelbe Stellen, sogenannte Wurm- oder Brutknoten.

Der **Große Leberegel** (*Fasciola hepatica*) ist beim Gehegewild ebenfalls selten. Er ist an das Vorkommen der Zwergschlammschnecke als Zwischenwirt gebunden und kommt daher nur in feuchten Lebensräumen vor. Massiver Befall führt zu Leberschäden, Eiweißmangel und gelegentlich auch zu Todesfällen.

Die Vorbeugung und Bekämpfung dieser Parasiten erfolgt gemeinsam mit dem Tierarzt durch Verbesserung der Haltungsbedingungen, insbesondere durch eine optimale Weide- und Futterhygiene. Nur im Extremfall wird eine medikamentöse Behandlung durchgeführt, wobei neuere Breitband-Medikamente alle diese Parasiten in allen Entwicklungsstadien bekämpfen.

Sonstige Parasiten

Ektoparasiten, wie Haarlinge, Läuse und Zecken, spielen beim Gehegewild eine untergeordnete Rolle, lediglich die Dasselfliege macht manchmal Schwierigkeiten.

Bakterielle Erkrankungen

Die **Nekrobazillose** wird vom *Fusobacterium necrophorum* verursacht und stellt die am häufigsten diagnostizierte bakterielle Erkrankung dar. Diese zumeist fadenförmigen Erreger führen zum Gewebszerfall im Bereich der Mundhöhle und in zahlreichen inneren Organen, je nachdem, wo der Infektionsherd ist. Die Erkrankung tritt gehäuft bei Jungtieren mit schlechter Abwehr im Alter von fünf bis sieben Wochen auf.

Bei der **Paratuberkulose** handelt es sich um eine Erkrankung des Darmes. Ursache sind Bakterien, die in ihrem mikroskopischen Färbeverhalten den Tuberkulose-Bakterien sehr ähnlich sind, ansonsten aber wenig mit diesen gemein haben. Die Erkrankung tritt regional unterschiedlich häufig auf, vor allem bei älteren Wiederkäuern. Die Tiere magern bei ungestörter Fresslust ab, bis sie schließlich an Auszehrung sterben. Durchfall kann, muss aber nicht vorhanden sein. Am lebenden Tier kann nur eine Verdachtsdiagnose gestellt werden. Da die Erreger mit dem Kot – allerdings sehr unregelmäßig – ausgeschieden werden, kann der Nachweis über eine mikroskopische Kotuntersuchung versucht werden. Die wichtigste Vorbeugungsmaßnahme besteht in der Fütterungshygiene, also dem Vermeiden von Bodenvorlage, der Entfernung der Losung und dem Kalken des Fütterungsbereiches.

Die **Tuberkulose** kommt zwar bei gehegten Hirschen in manchen Ländern, wie Irland, Großbritannien, Schweden, den USA, Kanada, Australien und Neuseeland, vor, die Wildbestände der deutschsprachigen Länder sind jedoch frei von Tuberkulose. Diese Krankheit wird durch Mykobakterien verursacht und ist wechselseitig zwischen Säugetieren und Menschen übertragbar. Die von erkrankten Tieren über die ausgeatmete Luft, Speichel, Milch, Urin und Kot ausgeschiedenen Bakterien sind in der Außenwelt lange ansteckungsfähig. Die Ansteckung erfolgt meist über die Atemwege, sie kann aber auch über Maul, Haut oder Schleimhaut erfolgen. Bei Wild sind die tuberkulösen Veränderungen eher abszessartig und eitrig. Sie treten meist an den Lymphknoten der Kehlregion und der Lunge auf. Tuberkulose kann lange Zeit unerkannt bleiben, ist beim Tier unheilbar und schon bei Verdacht meldepflichtig.

An **Lungenentzündung** erkranken insbesondere abwehrgeschwächte Jungtiere bei nasskalter Witterung in den Wintermonaten. Die betroffenen Tiere haben Fieber, verminderte Fresslust und liegen vermehrt. Neben schleimigem bis eitrigem Nasenausfluss fallen vor allem Husten, angestrengte Atmung – die durch Bewegung der Bauchdecken auffällt – und Anzeichen von Atemnot – geblähte Nüstern, offene Maulspalte – auf.

Bei der **Listeriose** handelt es sich um eine bakterielle Infektion, die zu einer Erkrankung des Zentralnervensystems erwachsener Tiere führt. Bei Jungtieren kann der Erreger zu einer Blutvergiftung führen, trächtige Tiere können verwerfen. Die betroffenen Tiere sondern sich von der Herde ab und wandern im Kreis umher, Kopf und Hals werden oft zur kranken Seite hingehalten. Schließlich liegen die Tiere fest, zeigen gelegentliche Ruderbewegungen mit den Füßen und sterben nach vier- bis 14-tägiger Krankheitsdauer.

Coli-Infektionen äußern sich oft durch Darmentzündungen, Blutvergiftungen oder Nabelinfektionen bei Jungtieren. Die Bakterienspezies *Escherichia coli* tritt in einer Vielzahl von Stämmen auf, die sowohl Bestandteil der normalen Darmflora als auch Krankheitserreger sind. Bei Letzteren sind es ungünstige Umweltverhältnisse, wie Mangelernährung (vor allem Biestmilchmangel bei Neugeborenen) und Durchnässung mit nachfolgender Kälte, die Infektionen, insbesondere bei Jungtieren, begünstigen. Betroffene Kälber liegen vermehrt und zeigen verminderte Sauglust. Im Falle von Darmentzündungen tritt häufig Durchfall auf, in fortgeschrittenen Fällen liegen die Augen aufgrund der Austrocknung tief in den Augenhöhlen. Bei Nabelentzündungen ist der Nabelbereich zumeist verdickt. Tiere mit Blutvergiftung verenden meist rasch ohne vorherige Krankheitsanzeichen.

Pilzerkrankungen sind bei Gehegetieren seltene Krankheiten, die zumeist nur Einzeltiere betreffen.

Fütterungsbedingte Erkrankungen

Die **Pansenacidose** („Schrotvergiftung") ist eine Übersäuerung des Pansens. Krankheitsursache ist die Überfütterung mit leicht verdaulichen, kohlenhydratreichen Futtermitteln, wie Getreide, Mais, Kartoffeln und Rübenschnitzeln sowie Obst. Die Pansenübersäuerung kommt wegen der zu geringen Speichelproduktion und des damit verbundenen Absinkens des pH-Wertes im Pansen und im Blut zustande. Es kommt zu einer übermäßigen Gärung im Pansen und zur Aufblähung, d. h., die Tiere nehmen an Leibesumfang vor allem in der linken Bauchhöhlenhälfte auffällig zu. Die Krankheit führt akut zum Tod oder hat chronische Spätfolgen. Dann ist es erforderlich, dem Tier ausschließlich grobes Heu und Stroh zur Verfügung zu stellen und es von anderem Futter fernzuhalten. Eine weitere Möglichkeit ist, dem kranken Tier Tücher (Geschirrtücher o. Ä.) zur Verfügung zu stellen, an denen es kauen und so den Speichelfluss anregen kann. Zumindest bei uns hat sich diese Methode bewährt.

Weiters kann es zu Schädigungen der Pansenflora nach abrupten Futterwechseln, durch Fütterung mit verschimmelten Futtermitteln oder Aufnahme von Fremdkörpern kommen. Diesen Schimmel bilden Mykotoxine, das sind Stoffwechselprodukte von Lagerpilzen.

Sonstige Erkrankungen

In seltenen Fällen tritt ein **Kolostrummangel** auf, wenn die Kälber aufgrund von Saugschwäche keine Biestmilch aufnehmen oder wenn zu wenig bzw. kein Kolostrum der Mutter vorhanden ist.

An **Selen-** und **Vitamin-E-Mangel** erkranken ausschließlich Jungtiere. Die Ursache ist in selenarmen Böden zu suchen. Die Erkrankung tritt daher regional gehäuft auf. Diese Krankheit äußert sich vor allem durch Muskelzittern und Bewegungsstörungen. Die Tiere liegen vermehrt, können den Kopf häufig nicht anheben und haben Atem- und Schluckbeschwerden. Sie sterben zumeist an einer Schädigung des Herzmuskels.

Die **Chronic Wasting Disease (CWD)**, die chronisch auszehrende Krankheit, ist eine ähnliche Erkrankung wie der Rinderwahnsinn (BSE) oder die Traberkrankheit (Scrapie) beim Schaf. In Europa ist bisher noch kein Fall bekannt geworden, jedoch traten CWD-Fälle bei Wildtieren in Nordamerika auf.

Zoonosen

Zoonosen sind Krankheiten und Infektionen, die direkt oder indirekt zwischen Mensch und Tier übertragen werden können. Die Infektionsgefahr mit Listerien, Salmonellen und Coli-Bakterien vom Schalenwild ist für Menschen gering, aber unter anderem durch den Verzehr von Rohprodukten – wie Rohschinken, Carpaccio u. Ä. – nicht ganz auszuschließen. Tiere sind zudem Wirte für Zecken und somit mögliche Ansteckungsherde für die Frühsommer-Meningoenzephalitis (FSME), für Borreliose und Ehrlichose.

Verletzungen

Der Großteil der verletzungsbedingten Ausfälle ist auf Forkelverletzungen zurückzuführen. Das sind Geweihstöße, vor allem im Rahmen von Rangordnungskämpfen der Hirsche. So können während der Brunft wertvolle Zuchthirsche zu Tode geforkelt werden, ein Verlust, der ein schlechtes Deckergebnis – bis hin zum Ausfall eines ganzen Jahrganges – zur Folge haben kann. Um das zu vermeiden, ist auf einen entsprechenden Altersabstand zwischen den Hirschen zu achten. Ältere Zuchthirsche ab etwa zehn Jahren sollten noch vor der Brunft aus dem Gatter genommen werden, wenn auch starke, junge Hirsche gehalten werden. Forkelverletzungen, vor allem durch Spießer, sind eine große Gefahr für verletzte und narkotisierte

Hirsch hat Stacheldraht aufgegabelt.

Tiere. Hier ist eine genaue Beobachtung der geschwächten Tiere und erforderlichenfalls deren Abtrennung nötig.

Immer wieder kommt es auch zu **Verletzungen, die sich die Tiere am Zaun zuziehen**. Um das zu vermeiden, sollten den Zaun durchwachsende Äste entfernt werden. Außerdem ist er immer straff zu halten, um dem Geweih keinen Ansatzpunkt zu geben. Lose Drähte bilden ebenso eine Gefahrenquelle wie die Transportkette einer Fütterungsanlage – früher oder später hat der Hirsch sie aufgegabelt.

Einfangen

Allgemeines

Auch bei sehr großer Sorgfalt und gewissenhafter Kontrolle der Umzäunung kann es vorkommen, dass Wild aus dem Gehege entweicht. Rechtliche Fragen in diesem Zusammenhang betreffen vor allem die Haftung für Schäden, die das Wild in freier Wildbahn anrichtet, sowie die Aufgabe des Eigentumsrechts am Wild. Weiters ist es zu Behandlungszwecken oder zum Lebendverkauf erforderlich, der Tiere habhaft zu werden.

Kirren

Wie leicht oder schwer Wild einzufangen ist, hängt auch von der Jahreszeit ab. In der vegetationsarmen Zeit und beim Entweichen mehrerer Tiere ist es am einfachsten, das Wild durch **Lockmittel**, wie Mais, Äpfel, Rüben etc., zurück in das Gehege zu bringen. Schwieriger ist es in der Hauptvegetationszeit, da dann auch in freier Wildbahn genügend Nahrung und Deckung vorhanden sind. Trotzdem ist auch hier die Anbringung von Lockmitteln beim Tor des Gatters eine gute Möglichkeit. Da Damwild sehr standorttreu ist, bleibt es verhältnismäßig lange in der Nähe des Geheges.

Eine **Gatterkoppelung** ist sehr vorteilhaft, da auf diese Weise Wild, das zurück in das Gatter kommt, in einem Gehege gefangen werden und dann in das zweite Gatter überstellt werden kann, dann wird das andere Gatter wieder geöffnet – dieser Vorgang wird so lange wiederholt, bis alle Tiere wieder im Gehege sind. Auch kleine Fanggehege können zu diesem Zweck errichtet werden. Des Weiteren können **spezielle Türsysteme**, bei denen das Wild nur in eine Richtung – nämlich hinein – gehen kann, bei einem vorhandenen Tor angebracht werden.

Die Chance, Dam- oder Rotwild durch Drücken oder Treiben in das Gatter zurückzubringen, ist äußerst gering. Dort, wo Wild auch in freier Wildbahn vorkommt, wird es sich, so es nicht eingefangen werden kann, einem wild lebenden Rudel anschließen.

Immobilisation

Eine weitere Möglichkeit, Wild wieder ins Gehege zurückzubringen, besteht in der Immobilisation. Darunter versteht man eine **Narkotisierung**, die die Bewegungsfähigkeit der Tiere einschränkt und ihre Sinneswahrnehmung sowie ihr Schmerzempfinden deutlich reduziert. Gründe für diese Maßnahme sind der (Ver-)Kauf von Tieren, Transport, Einzeltierbehandlungen, Markierungen, Einfangen von entwichenen Tieren oder auch das Entfernen des Geweihs – sofern tierschutzrechtlich zulässig. Allerdings sollte jede Immobilisation auf ihre unbedingte Notwendigkeit hinterfragt werden, da immer ein Narkoserisiko besteht: Narkosespritzen können auch bei sachgerechter Anwendung Knochen verletzen, Blutgerinsel können sich bilden und in wertvolle Fleischteile wandern, wo sie sich als eitrige Herde absetzen.

Eine Abgabe von Tierarzneimitteln – auch Narkosemitteln – an Tierhalter ist nur unter bestimmten Voraussetzungen zulässig. Sie ist aus mehreren Gründen fachlich sinnvoll, denn der Tierhalter kennt seine Tiere in der Regel besser und ist ihnen vertrauter. Die Immobilisation durch den Halter selbst ist auch kostengünstiger. In Österreich muss der Tierhalter entsprechend dem Tierarzneimittelkontrollgesetz einen zweitägigen Ausbildungskurs absolviert

Bei Immobilisationen sind zumindest zwei Personen nötig, um das narkotisierte Tier zu fixieren.

Stellen zur Immobilisation

haben und Mitglied eines Tiergesundheitsdienstes sein.

Die Immobilisation erfolgt mittels Narkosepistolen und -gewehren, mit denen Spritzen

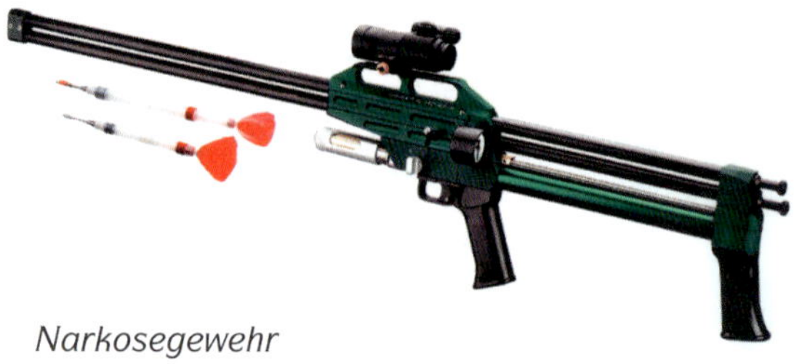

Narkosegewehr

verschossen werden. Die maximale Distanz für einen zuverlässigen Treffer ist von vielen Faktoren abhängig und beträgt maximal 30 bis 60 m. Es kommen auch Blasrohre zum Einsatz, die sich wegen der kurzen „Schussdistanzen" aber nur für sehr vertraute Tiere eignen. Entscheidend sind Geduld und ruhiges Verhalten sowie Treffsicherheit und richtige Einschätzung des Körpergewichts.

Transporte

Tiere dürfen nur dann lebend transportiert werden, wenn sie transportfähig sind und für die Betreuung während des Transportes sowie bei der Ankunft am Bestimmungsort geeignete Vorkehrungen getroffen wurden. Tiere sind weiters transportfähig, wenn sie gesund, nur leicht erkrankt oder verletzt sind und der Transport keine unnötigen Leiden verursacht. Gestattet sind auch innerbetriebliche Transporte sowie solche, die ein erkranktes Tier zum Tierarzt bringen, wenn sie zur Gesundung oder zum Schutz der Tiere unumgänglich sind oder einer notwendigen Tötung aus veterinärmedizinischen Gründen dienen. Transportunfähig sind Tiere dann, wenn sie krank, verletzt oder trächtig sind und voraussichtlich während des Transportes gebären werden oder vor weniger als 48 Stunden geboren haben sowie neugeborene Tiere, bei denen die Nabelwunde noch nicht vollständig verheilt ist. Bei jedem Transport ist eine Transportbescheinigung mitzuführen.

Funktionale Transportkiste Modell „Eigenbau"

PRAXISTIPPS: Gesunderhaltung und Behandlung der Tiere

- Der beste Weg, die Tiere gesund zu erhalten, ist, sie artgerecht zu halten: Der richtige Gehege-Standort, ein angepasster Tierbesatz und eine tiergerechte Gehegeeinrichtung sind die Grundlage eines gesunden Tierbestands.
- Feuchtstellen auszuzäunen kostet zwar einmalig etwas, dafür erspart man sich aber die laufenden Probleme und Kosten durch Verwurmung und Leberegelbefall.
- Wer beim Kauf auf gesunde Tiere achtet, vermeidet spätere Probleme in seiner Herde. Neueinsteiger sollten sich besonders beim Zuchttierkauf von erfahrenen Praktikern beraten lassen.
- Speziell in der Hochleistungszucht werden Tiere im Ausland zugekauft. Hier sollte man sich unbedingt bestätigen lassen, dass die Tiere frei von Krankheiten sind. Ein Restrisiko beim Lebendtierkauf in Regionen mit Seuchenverdacht bleibt dennoch bestehen.
- Verletzungen der Tiere lassen sich nicht ganz ausschließen, dieses Risiko lässt sich bei Beachtung einiger Punkte aber deutlich senken: Der Zaun muss straff gespannt sein und darf keine abstehenden Spitzen haben.
- Zur Vorbeugung gegen Forkelverletzungen sollte der Altersabstand der Hirsche mindestens zwei Jahre betragen. Wird ein Junghirsch bereits zu stark, ist er vor der Brunft aus dem Gehege zu entfernen. Kranke und narkotisierte Tiere sind zu beobachten, damit sie nicht von Spießern geforkelt werden.
- Wenn eine Narkose unvermeidlich ist, hängt ihr Erfolg in erster Linie von der Ruhe bei der Durchführung ab. Der Zeitaufwand für eine Immobilisation kann ohne Weiteres mehrere Stunden betragen.

Tötung und Wildfleischbehandlung

Für Jagdwild sind gesetzliche Jagdzeiten festgelegt, die bundesländerweise und jahresweise unterschiedlich sein können. Im Gegensatz dazu ist der Abschuss von Gehegewild ganzjährig (entsprechend den Vorschriften zu Tierschutz und Fleischhygiene) zulässig. Die ideale Tötungsmethode ist ein Haupt- oder Trägerschuss mit rasch anschließender Öffnung der Halsschlagader zum Entbluten.

Tötung

Vor der Schlachtung ist das Farmwild einer Schlachttieruntersuchung durch den zuständigen Fleischuntersuchungstierarzt zu unterziehen. Die Tötung der Tiere kann im Gehege durchgeführt werden. Erforderlich sind eine präzise Büchse, Stecher und Zielfernrohr sowie Munition. Als Munition hat sich ein Teilmantelgeschoss Kaliber .222 Remington bewährt, bei schwierigen Verhältnissen (weite Distanz, böige Windverhältnisse) empfiehlt sich jedoch der Einsatz von großkalibrigerer Munition, etwa Kaliber 7 x 65.

Der verschiedentlich diskutierte Einsatz von Schalldämpferwaffen ist allein wegen der unpräzisen Schussleistung nicht zu empfehlen. Jedenfalls muss ein guter Kugelfang vorhanden sein und es dürfen sich keine anderen Tiere hinter oder knapp neben dem zu erlegenden Tier befinden. Um einen möglichst unversehrten Wildkörper zu erhalten, ist weiters zu beachten, dass das Tier nicht in steilem Gelände geschossen wird, weil hier die Gefahr des Absturzes und der Beschädigung wertvoller Fleischteile besteht.

Kugelschuss

Ein gezielter Haupt- oder Trägerschuss ist die tierschutzgerechteste Tötungsart. Von einem Blattschuss ist abzuraten, da dadurch wertvolle Fleischteile zerstört werden und auch ein schweres Geschoss nötig ist. Insgesamt ist beim Erlegen größtmögliche Ruhe wichtig, da gehetzte Tiere aufgrund des Erregungszustandes einen niedrigeren Glykogengehalt und später eine schlechtere Fleischqualität aufweisen.

Erlegt wird das Wild durch einen **Träger- bzw. Hauptschuss**. Der Schuss soll idealerweise ca. 5 cm hinter dem Auge erfolgen. Die Tötung selbst erfolgt durch anschließenden Kehlschnitt. Bei einem seitlichen Schuss kann es passieren, dass nur die Luftröhre durchgerissen wird und die Trägerwirbel unverletzt bleiben, wodurch das Tier zwar schwer verletzt, aber nicht unmittelbar getötet wird. Bei einer falschen Treffpunktlage kann es auch zu einer schweren Verletzung des Unterkiefers oder der Nase kommen, wodurch das Tier zunächst im Schock zusammenbricht, aber kurz darauf aufspringt.

Schießen im Gehege unterscheidet sich gravierend vom jagdlichen Schuss. Zwar ist die Schussdistanz mitunter geringer, aber durch den kleineren Treffpunkt und die (zusammengerottete) Herde ist der Schütze mehr gefordert. Neben einem zuverlässigen Kugelfang ist besonders darauf zu achten, dass keine unbeteiligten Tiere durch Querschläger oder Durchschüsse verletzt werden können.

Schusswirkung

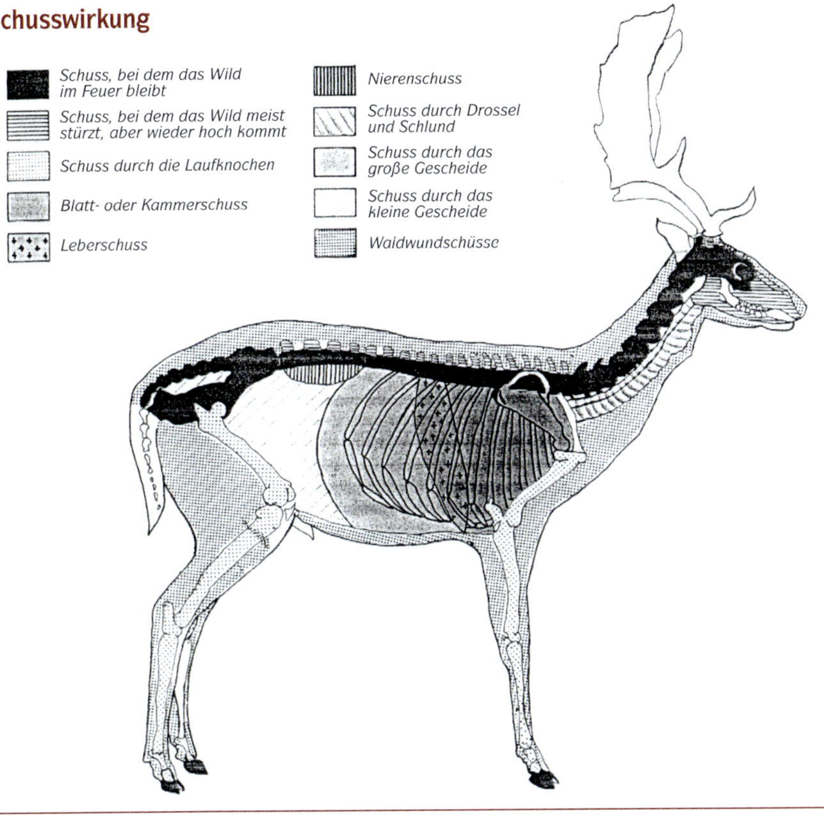

Aufarbeiten

Sofort nach der Tötung müssen die Tiere an einem hygienisch unbedenklichen Ort, am besten in einem sauberen Schlachtraum, ausgeblutet, aufgebrochen bzw. ausgeweidet werden. Denn bereits 30 bis 45 Minuten nach dem Eintritt des Todes beginnt die Magen-Darm-Barriere zu brechen. Auf diese Weise können Keime und Gase durch die Darmwände austreten und so in das Fleisch gelangen.

Das **Ausbluten** erfolgt durch Durchschneiden der Halsschlagader. Dazu ist es – im Unterschied zur jagdlichen Methode – besser, den Tierkörper an den Hinterläufen aufzuhängen und das austretende Blut zur Entsorgung in einer Wanne aufzufangen. Auch das **Ausweiden** geschieht auf diese Art, wobei der Tierkörper nicht am Boden aufliegen darf. Zur rascheren Abkühlung wird von vielen Verarbeitern mit Wasser ausgespritzt. Das ist jedoch nicht notwendig und unter hygienischen Aspekten eher abzulehnen, da auf diese Weise Keime verteilt werden können. Jedenfalls darf nur genusstaugliches Trinkwasser verwendet werden und Trockenwischen mit einem Tuch ist zu unterlassen. Das unverzügliche Aufbrechen beschleunigt die **Abkühlung** des Wildkörpers, die hängend und vor Insekten geschützt zu erfolgen hat. Speziell im Winter ist aber auch ein Gefrieren des Wildkörpers zu vermeiden. In die Kühlzelle sollen die Schlachtkörper erst kommen, wenn die Totenstarre eingetreten ist. Diese beginnt je nach Außentemperatur nach zwei bis acht Stunden und dauert 24 bis 48 Stunden, wobei Kälte sowohl den Eintritt als auch das Lösen der Totenstarre beschleunigt. Wird Fleisch zu rasch zu stark gekühlt, kann es durch die sogenannte Kälteverkürzung der Muskulatur zäh werden. Zur Vermeidung des „cold shortening" wird mitunter sogar empfohlen, dass die Innentemperatur des Schlachtkörpers in den ersten zehn Stunden 10 °C nicht unterschreiten soll. Im Allgemeinen muss man aber keine Angst vor zu rascher Auskühlung haben. Wird z. B. ein Rehbock bei 15 °C Lufttemperatur erlegt und drei Stunden danach in einen Kühlraum mit 4 °C gegeben, so beträgt die Schlögel-Kerntemperatur nach 24 Stunden immer noch 7,4 °C.

Zum **Enthäuten** („Aus-der-Decke-Schlagen") wird die Innenseite der Läufe sowie der Tierkörper vom Brustbein bis zur Trägerunterseite aufgeschnitten und die Decke dann mit der Faust abgelöst. Das Messer muss nur selten zu Hilfe genommen werden. Wird eine Hand als „reine" (zum Deckendrücken und Messerhalten) und die andere als „unsaubere" (zum Deckenziehen) verwendet, lassen sich Fleischverunreinigungen vermeiden. Frisch geschossenes Wild wird oft nicht sofort aus der Decke geschlagen, da befürchtet wird, die Oberfläche des Fleisches würde wegen der noch vorhandenen Körperwärme austrocknen. Bei modernen Kühlanlagen mit einer sogenannten stillen Kühlung besteht diese Gefahr jedoch nicht. Der warme Schlachtkörper lässt sich leichter enthäuten und die abhängenden Schlachtkörper können sich nicht mit Haaren gegenseitig verschmutzen, sodass wir das Stück unmittelbar nach dem Aufbrechen aus der Decke schlagen. Je nachdem, wie lange das Wild in der Decke hängt, entwickelt es einen etwas stärkeren oder schwächeren Wildgeschmack.

Erst nach der **Fleischbeschau** durch den Tierarzt wird der Schlachtkörper in seine Einzelteile zerlegt. Dieses **Zerwirken** erfolgt entweder am hängenden oder am auf einem Rost liegenden Wild. Als Werkzeuge dazu reichen scharfe Fleischer- oder Jagdmesser aus, es sollte aber nicht das bereits zum Aufbrechen und Enthäuten verwendete Werkzeug sein, außer dieses wurde gründlich gereinigt. Zuerst werden

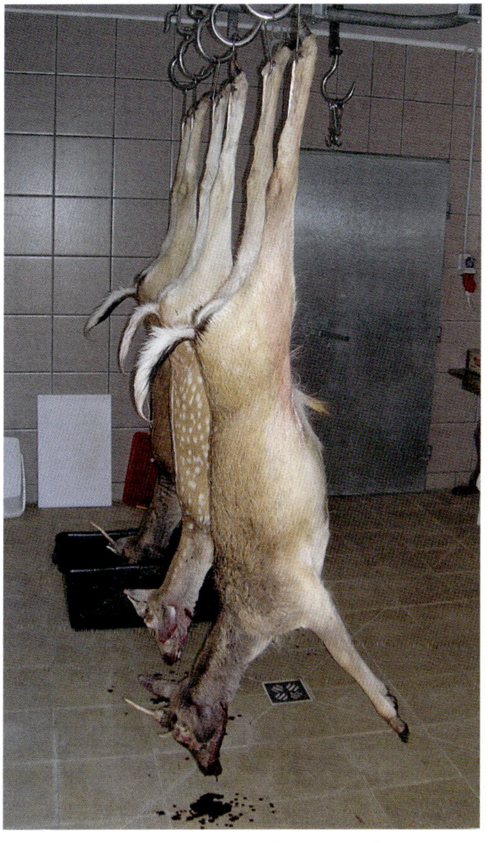

Bei der Verarbeitung dürfen keine Teile den Boden berühren.

Enthäuten geht leichter am warmen Schlachtkörper.

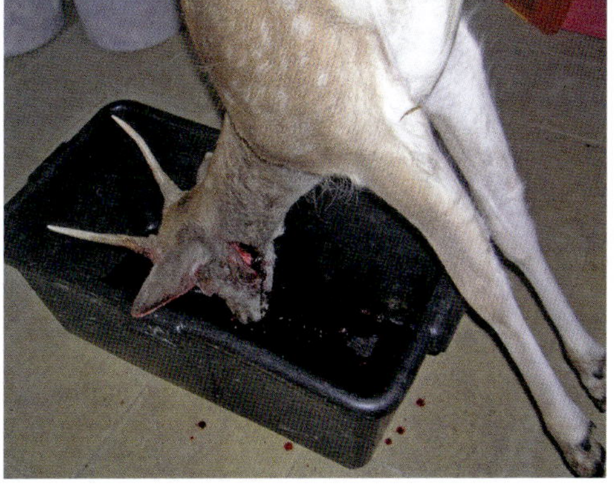

Beim Ausbluten muss das Blut aufgefangen werden und darf nicht ins Abwasser gelangen.

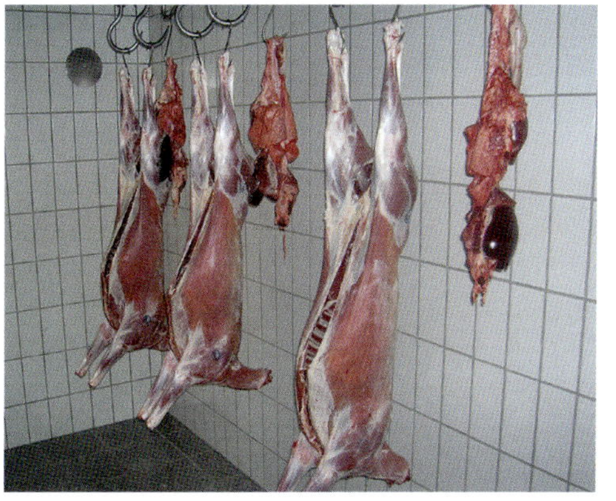

So sind Schlachtkörper und Innereien bereit für die Fleischbeschau.

die Schultern, dann die Rippen- und Bauchlappen entfernt, ohne den wertvollen Rücken anzuschneiden. Anschließend wird der Träger abgetrennt, danach der Rücken. Zuletzt werden die beiden Schlögel vom Becken getrennt und diese Grobteile allenfalls fein zerlegt.

Beim **Auslösen** der Schlögel werden der Becken- und der Oberschenkelknochen entfernt sowie die Unterschenkelmuskulatur abgelöst. Die Oberschenkelmuskulatur wird allenfalls bei den Muskelhäuten in Teile aufgetrennt, wobei ein im Ganzen gebratener Schlögel beim Braten den Saft besser hält. Zum Auslösen der Schultern werden die außen liegenden Muskelhäute, dann das Schulterblatt vom Schultergelenk und schließlich das Oberarmbein abgezogen. Der Rücken wird zugerichtet, indem die unterhalb der Wirbelsäule liegenden Filets vorsichtig abgelöst werden. Dann wird er umgedreht und die lange Rückenmuskulatur – von der später die Muskelhaut entfernt wird – von der Wirbelsäule abgetrennt. Die Wandln (Rippenfleisch und Bauchlappen) werden vom Rippenlappen gezogen und beim Brustbein abgetrennt. Der Hals wird ebenfalls von Muskelhaut und Nackensehnen gereinigt und von den Halswirbeln abgelöst. Bei all diesen Arbeiten sollte das Messer nur sparsam eingesetzt werden.

Hygiene

Schlachtraum

Für Räume, in denen Fleisch geschlachtet, zerlegt, bearbeitet oder gelagert wird, sowie für Bereiche und Gänge, durch die frisches Fleisch transportiert wird, sind die Hygienebestimmungen einzuhalten:

- Die **Fußböden** müssen aus wasserundurchlässigem, leicht zu reinigendem und zu desinfizierendem, nicht verrottbarem Material bestehen. Sie müssen so beschaffen sein, dass Wasser leicht ablaufen kann. Das Wasser muss zu abgedeckten, geruchssicheren Abflüssen abgeleitet werden.
- **Ecken** und **Kanten** auf Bödenhöhe müssen so ausgearbeitet sein, dass eine einwandfreie Reinigung leicht möglich ist.
- Die **Türen** müssen eine verschleiß- und korrosionsfeste, glatte, undurchlässige und leicht zu reinigende Oberfläche haben.
- Die Räume müssen glatte, feste, undurchlässige **Wände** haben, die bis zu einer Höhe von mindestens 2 m mit einem hellen, abwaschfesten Belag oder Anstrich versehen sind. **Isolierungen** müssen aus nicht verrottbarem, geruchlosem Material bestehen. Die Räume müssen ausreichende Vorrichtungen zur **Be- und Entlüftung** haben. Es muss eine ausreichende **Beleuchtung** vorhanden sein, durch welche die Farben nicht verändert werden. Die **Decken** müssen leicht zu reinigen sein und sauber gehalten werden.
- Es müssen weiters geeignete und ausreichende Vorrichtungen zum **Schutz gegen Ungeziefer** (Insekten, Nagetiere und dergleichen) vorhanden sein.
- Die **Einrichtungsgegenstände und Arbeitsgeräte** (wie Schneidetische mit auswechselbaren Schneideunterlagen etc.) müssen aus korrosionsfestem, lebensmittelechtem, leicht zu reinigendem und zu desinfizierendem Material mit glatten Flächen bestehen. Die Verwendung von Holz ist grundsätzlich untersagt. Es müssen hygienisch unbedenkliche Vorrichtungen zur Beseitigung von flüssigen und festen Abfällen vorhanden sein.

- Das Fleisch oder die Behälter dürfen nicht unmittelbar mit dem Boden oder den Wänden in Berührung kommen.
- Durch **Kühlanlagen** muss gewährleistet sein, dass die vorgeschriebene Temperatur des Fleisches eingehalten wird. In der Verarbeitung darf **ausschließlich Trinkwasser** verwendet werden, dessen Qualität wenigstens einmal jährlich zu überprüfen ist. Die Wassertemperatur hat für Handwaschbecken ungefähr 45 °C, für die Reinigung von Räumen, Einrichtungsgegenständen und Arbeitsgeräten ungefähr 65 °C und für die Desinfektion mindestens 82 °C zu betragen.

Fleischuntersuchung

Nachdem bereits vor dem Erlegen eine Lebendbeschau stattgefunden hat, ist das Fleisch aus landwirtschaftlichen Wildgehegen **binnen 24 Stunden** vom Tierarzt zu untersuchen (Fleischbeschau). Entsprechend den gesetzlichen Bestimmungen haben auch Farmwildbetriebe darüber hinaus einmal jährlich eine Abklatschprobe der Verarbeitungsräume und -geräte bei einem anerkannten Labor durchführen zu lassen. Obwohl gesetzlich (derzeit noch) nicht vorgeschrieben, ist es zur Qualitätssicherung ratsam, jährlich auch eine Gewebeprobe vom Schlachtkörper untersuchen sowie eine Wasseruntersuchung durchführen zu lassen.

Wildfleisch muss den Qualitätskriterien des Österreichischen Lebensmittelbuches entsprechen, wobei sich aus dem Jahresbericht 2003 des Bundesministeriums für Gesundheit und Frauen die gute Qualität des heimischen Gehegewildes ablesen lässt. Von 2.934 untersuchten Schlachtkörpern von Wildwiederkäuern waren nur sieben untauglich.

Die Kosten der Fleischbeschau liegen in Österreich bei ca. 20 Euro pro Stück, in Deutschland ist mit Kosten zwischen 4 und 25 Euro pro Stück zu rechnen. Mit zunehmender Stückzahl sinken die Kosten pro Stück rasch ab.

Wasserprobe

Diese gibt Auskunft über die chemische Zusammensetzung und bakteriologische Belastung des zur Fleischverarbeitung verwendeten Trinkwassers und stellt somit eine wesentliche Qualitätssicherungsmaßnahme dar. Abgesehen davon ist es wohl auch nicht uninteressant zu wissen, wie das Wasser beschaffen ist, das wir trinken. Eine chemisch-bakteriologische Trinkwasseruntersuchung mit amtlichem Gutachten, die über die Bauernkammern durchgeführt wird, kostet rund 123 Euro.

Abklatschprobe

Abklatschproben überprüfen die Mikroorganismenbelastung der Arbeitsflächen und Geräte, die das Fleisch infizieren können. Diese Proben werden mit Röhrchen genommen, in einen Probenahmeschein eingetragen und mit diesem an ein anerkanntes Labor eingesandt. Die Röhrchen sind z. B. bei den Direktvermarktungsreferaten der Bauernkammern erhältlich, die auch die Weiterleitung an das Labor übernehmen.

Abklatschproben werden vor Schlachtbeginn an fleischberührenden Stellen – also an Plastikbrettern (Holzbretter sind verboten!), Arbeitsflächen, Haken, Messern, Schürzen u. Ä. – genommen. Es ist darauf zu achten, dass die gereinigten Stellen bei Probenahme trocken sind. Eine rasche Trocknung des Schlachtraums und der -geräte ist wichtig, es darf jedoch nicht mit einem Tuch trocken gewischt werden, da Tücher viele Mikroorganismen enthalten. Die sauber verpackten Proberöhrchen sollen gekühlt gelagert und rasch zur Probenannahmestelle transportiert werden.

Gewebeprobe

Mit Gewebeproben wird die Mikroorganismenbelastung der Fleischoberfläche überprüft. Diese Proben werden an der Außenseite des warmen Schlachtkörpers entnommen, bevor er in den Kühlraum kommt. Mit einem sterilen Skalpell und einer sterilen Pinzette wird ein 4 x 4 cm großes Gewebestück an vier Stellen (Hals, Bauch, Rücken, Schlögel) von der obersten Schicht des Schlachtkörpers entnommen. Die Proben werden in ein steriles Säckchen gegeben, ohne dass man sie mit den Händen berührt. Das gut verschlossene und beschriftete Sackerl wird dann gekühlt zur Probenannahmestelle gebracht und von dieser an das Labor gesandt.

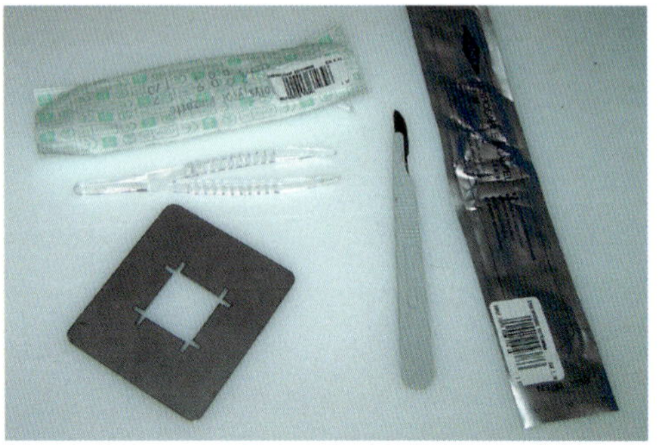

Gewebeproben – Einmalgeräte

Die Bauernkammern bieten eine kombinierte Abklatsch- und Gewebeprobe zum Preis von 96 Euro an, die (sterilen) Einweg-Geräte sind in der Apotheke um rund 2 Euro erhältlich.

Kühlung

Damit eine optimale Reifung erfolgen kann, müssen geschossene Tiere innerhalb kurzer Zeit auf eine Kerntemperatur von maximal 7 °C abgekühlt werden. Daher ist es sehr wichtig, dass die Tiere in geeignete Kühlräume gebracht werden. Ansonsten wird das Fleisch schnell faul und kann nicht gelagert werden.

Schlachtabfall- und Tierkörperbeseitigung

Die saubere Beseitigung der Schlachtabfälle erfolgt am einfachsten durch Sammlung am Schlachtbetrieb und Abfuhr durch die Tierkörperverwertung. Während Schlachtabfälle bei Gewerbebetrieben kostenpflichtig abgeholt werden, ist es für landwirtschaftliche Wildhalter als Kleinproduzenten meist günstiger, Schlachtabfälle zu kommunalen Sammelstellen zu bringen. Die Abholung verendeter Körper von Großtieren – auch Damwild – erfolgt hingegen in jedem Fall kostenlos.

PRAXISTIPPS: Schlachten und Verarbeiten

- Beim Erlegen der Tiere ist **Ruhe** wichtig. Hetzen verursacht Stress bei den Tieren und führt zu minderwertigem Fleisch.
- Zur Ruhe beim Erlegen trägt es bei, wenn der Schütze von den Tieren nicht gesehen werden kann, etwa weil er vor dunklem Hintergrund sitzt.
- Die tiergerechteste Tötungsart ist ein **Kugelschuss**. Wenn der Schuss bricht, zucken die Tiere kurz zusammen, lassen sich aber nicht weiter beunruhigen, obwohl ein getroffenes Tier tot daliegt. So lassen sich mehrere Tiere unmittelbar nacheinander schießen.
- Um wenig „Schussfleisch“ zu verursachen, wird auf Kopf oder Hals geschossen. Für zuverlässige Treffer sind dazu eine kurze Schussdistanz und ruhige **Windverhältnisse** erforderlich.
- Beim Umgang mit Schusswaffen ist immer größte Vorsicht geboten: Es dürfen sich keine anderen Tiere im Gefährdungsbereich hinter und neben dem zu erlegenden Tier befinden – und erst recht nicht Menschen.
- Hinter dem Tier sollte ein weicher **Kugelfang** sein, etwa der Wiesenboden, in dessen Erde Kugeln, die den Tierkörper durchschossen haben, stecken bleiben.
- Kugeln, die an Knochen im Tier oder Steinen in der Erde abprallen, können als Querschläger weit neben dem Ziel noch gefährlich sein.
- Der **Abtransport** erlegter Tiere erfolgt rasch nach der Tötung. Wir erlegen aber meist zwei Tiere, bevor wir zum Abtransport ins Gehege gehen und die Tiere dadurch beunruhigen. Noch weniger Unruhe kommt in der Herde auf, wenn der Abtransport mit einem Fahrzeug erfolgt, weil die Tiere dieses weniger als Bedrohung empfinden als einen Menschen.
- Die Wildfleischqualität hängt stark von der Keimanzahl im Wildbret ab. Diese wiederum hängt hauptsächlich vom Ausgangskeimgehalt, der Lagertemperatur und der Feuchtigkeit der Fleischoberfläche ab. **Sauberkeit** beim Aufbrechen und Enthäuten sowie eine **rasche Kühlung** auf 1 bis 7 °C beugen bakteriellem Verderb vor, ermöglichen aber trotzdem die Fleischreifung.

Wildfleisch

Fleischteile und Verwertungsmöglichkeiten

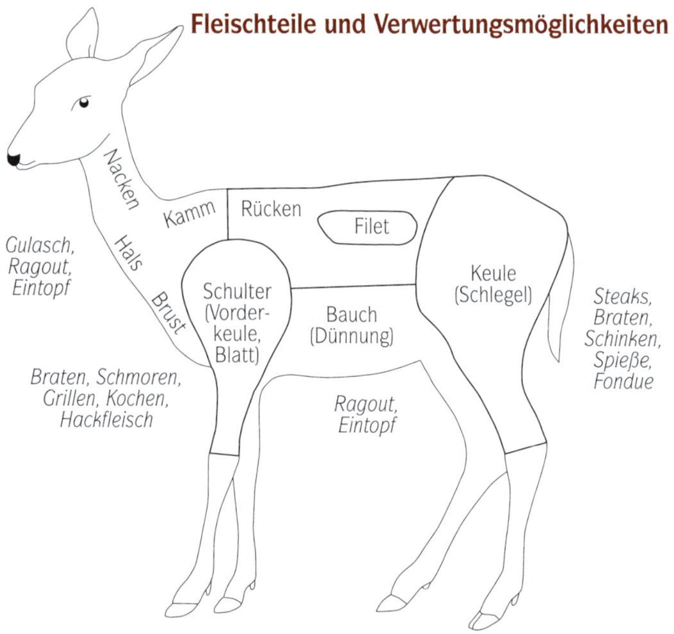

Gewicht

Als **Lebendgewicht** wird das Gewicht des Tieres bis unmittelbar nach dem Erlegen bezeichnet, **Jagdgewicht** bezeichnet das Gewicht des aufgebrochenen Tieres und das **Schlachtkörpergewicht** (Wildbretgewicht) entspricht schließlich der Schlachtausbeute, also dem Jagdgewicht abzüglich Decke, Haupt und Läufen. Als grobe Faustregel kann man davon ausgehen, dass das

Jagdgewicht etwa 60–70 % des Lebendgewichts beträgt. Die besten Ausschlachtungsergebnisse lassen sich bei eineinhalbjährigen Tieren vor der Brunft erzielen. Bei einem Lebendgewicht von 24 und 48 kg schwankt der Schlachtkörperanteil beim Damwild zwischen 46 und 58 %, während einjähriges Rotwild Werte bis 63 % erzielt. Die Ausschlachtungsergebnisse steigen bei höherem Lebendgewicht ebenso wie der Fettanteil (bei Damwild über 50 kg bereits signifikant).

Während männliche Tiere ein höheres Lebendgewicht erreichen, liegt bei weiblichen Stücken der Anteil der wertvollen Fleischstücke verhältnismäßig höher.

Schlachtkörperzusammensetzung

Zusammensetzung eines 28 kg schweren Schlachtkörpers (Einzelteile mit Knochen)

- Schlögel................11,5 kg
- Rücken......................5 kg
- Schulter.....................5 kg
- Bauch.....................4,5 kg
- Träger........................2 kg

Hals/Träger

Der Hals ist von vielen Muskeln durchzogen und sehr gut zum Kochen – etwa für Steirisches Wurzelfleisch – geeignet. Der weniger stark durchwachsene Teil eignet sich auch zum Grillen. Wird der Halswirbel, der sich bestens für Fonds eignet, ausgelöst, kann das Fleisch zu Gulasch geschnitten werden.

Bauch- und Rippenfleisch

Der Bauchlappen eignet sich im Ganzen als Rollbraten, die Rippen zum Grillen. Daneben lässt sich dieses Fleisch für Ragouts, Faschiertes, Suppen und Wildfonds verwenden.

Rücken

Der Rücken ist der wertvollste Teil des Wildkörpers. Er kann ebenso wie der Schlögel mit oder ohne Knochen als Bratenstück verwendet werden. Dabei ist zu bedenken, dass der Rücken fixiert wird, damit er sich beim Braten nicht zu stark verformt. Portioniert und ohne Rückgrat werden daraus Koteletts zubereitet. Ausgelöst werden das Rückenfilet und der Lungenbraten zu Nüsschen, Steaks oder Medaillons zum Braten und Grillen verwendet. Das sehr zarte Fleisch benötigt nur eine kurze Garzeit. Die innen gelegenen Lungenbraten („Fischerl" oder Filets) werden in Wildpasteten verarbeitet.

Schulter/Blatt

Die Schulter gehört zu den Edelteilen. Sie wird sowohl ausgelöst als auch mit Knochen gebraten, gekocht und zu Ragouts, Faschiertem und Pasteten verarbeitet.

Schlögel/Keule

Der Schlögel kann ausgelöst wie auch mit Knochen gebraten werden. Quer zur Faserrichtung geschnitten werden aus dem Schlögel erstklassige Schnitzel. Er eignet sich aber auch für Geschnetzeltes.

Innereien

Zu den Innereien gehören Leber, Lunge, Herz, Milz, Hirn, Zunge und Nieren. Innereien werden generell weniger verwendet, sind aber vor allem beim Farmwild durch die kontrollierte Nahrung nicht mit Schadstoffen belastet, wie es beim Jagdwild mitunter vorkommt. Herz und Lunge werden gerne für Wildbeuschel genommen, die Leber wird u. a. in Filets geschnitten und zum Grillen verwendet.

Lebendverkauf

Bei der Vermarktung gibt es verschiedene Formen. Ein Lebendverkauf der Tiere ist schwieriger als der Fleischverkauf. Da derzeit viele Gehegebetreiber ihr Gatter auflösen und deshalb viele Tiere auf dem Markt sind, ist der Zuchttiermarkt momentan sehr schwierig. Wertvolle Hirsche zur Züchtung oder zur Blutauffrischung sind aber nach wie vor sehr gefragt. Die durchschnittlichen Zuchtwildpreise lagen 2004 für Alttiere zwischen 80 und 250 Euro pro Tier, für Schmaltiere zwischen 100 und 500 Euro und für Kälber zwischen 70 und 200 Euro.

Fleischverkauf

Fleischreifung

Durch **Abhängen** wird das Fleisch nach Ende der Totenstarre durch Enzymtätigkeit zarter, wobei eine stressfreie Tötung eine wesentliche Voraussetzung dafür darstellt. Wird das Tier unmittelbar vor dem Tod gehetzt, werden seine Glykogenreserven abgebaut. Glykogen ist das tierische Reservekohlenhydrat, das zu Milchsäure abgebaut wird. Da diese im toten Körper in der Muskulatur verbleibt, sorgt sie für eine keimhemmende Säuerung des Fleisches und mobilisiert muskellockernde Enzyme. Wird Glykogen zu schnell abgebaut, beispielsweise durch Stress, fehlt es später für die Fleischreifung und das Fleisch wird in der Folge weniger zart und mürbe. Weil zudem der pH-Wert bei 6,6–6,95 (bei

Durch Abhängen (Fleischreifung) wird das Fleisch zarter.

nicht gehetztem Wild hingegen 5,4–5,6) liegt, also nicht unter 6 abfällt, fehlen der säuerliche, aromatische Fleischgeruch und -geschmack. Dieses dunkle, feste, trockene DFD-Fleisch („dark-firm-dry") ist unansehnlich und verdirbt relativ rasch, weil sich die Mikroorganismen auf der Fleischoberfläche schnell vermehren.

Der pH-Wert kann auf kostengünstige Art mit einem Indikatorpapier gemessen werden. Ein mit destilliertem Wasser befeuchteter Indikatorstreifen wird in einen frischen Muskelschnitt eingelegt, die Schnittränder werden zehn Sekunden lang zusammengepresst und die Färbung wird mit der Vergleichstabelle verglichen. Weil die Werte an verschiedenen Körperstellen aber schwanken, sind mehrere Messungen an unterschiedlichen Stellen nötig. Diese Methode ist jedoch relativ zeitaufwendig und wertet das Fleisch durch die erforderlichen Muskelschnitte ab. Sie eignet sich daher nur zur stichprobenartigen Kontrolle. Für eine regelmäßige Messung sind elektronische Sonden wesentlich geeigneter. Diese Geräte kosten in der Anschaffung ab 350 Euro.

Die Zeit für eine optimale Fleischreifung beträgt – abhängig von Wildart, Körpergewicht und Temperatur – 36 bis 92 Stunden ab Eintritt des Todes bei 4 bis 7 °C. Bei niedrigeren Temperaturen verlängert sich die Reifezeit. Der Schlachtkörper von jungen Tieren kann bis zu einer Woche im Kühlhaus abhängen, bei Alttieren mit hohem Bindegewebsanteil soll die Reifungsdauer zwei Wochen betragen.

Fleischhygiene

Die Ursache für ein rasches Verderben von Wildfleisch ist meist bakteriell bedingte Fäulnis, die von Fehlern bei der Tötung, beim Aufbrechen, aber auch beim Lagern herrührt. Das Fleisch verfärbt sich, verschimmelt, wird schmierig, schleimig oder bereift, es riecht faulig, säuerlich oder muffig. Das alles muss nicht sein – **saubere Arbeit** und eine **rasche Kühlung** sind einfache und wirksame Vorbeugemaßnahmen.

Ein Fehler, den wir nur einmal machten, ist es, zu viele Schlachtkörper in den Kühlraum zu geben. Damit wird die Luftzirkulation und ein rasches Abkühlen des Fleisches behindert, es kommt zu einer stickigen Reifung („Verhitzen"). Diese Gefahr besteht auch bei verspätetem Aufbrechen und bei hohen Außentemperaturen.

Auskunft über die Hygiene bei der Verarbeitung gibt der Oberflächen-**Keimgehalt**, wobei zu sagen ist, dass auch einwandfrei erlegtes und verarbeitetes Wildfleisch nie keimfrei sein kann. Keimarm ist Fleisch mit unter 100.000 Keimen pro cm^2, als normal gelten Keimgehalte bis zu 1 Mio., tolerierbar sind bis zu 5 Mio. Keime und ab einem Gehalt über 10 Mio. Keimen/cm^2 gilt Fleisch als verdorben. Dabei ist zu

Hygiene ist das Um und Auf der Fleischverarbeitung.

beachten, dass sich z. B. Colikeime bei 37 °C alle 20 Minuten verdoppeln. Aus einer Zelle sind somit nach zehn Stunden bereits über eine Milliarde Keime entstanden. Bei einer Temperatur von 15 °C ist die Keimvermehrung deutlich gebremst: nach zehn Stunden werden aus einer Zelle nur acht Keime.

Frischfleisch

Der Verkauf des Wildkörpers in der Decke ist aus Gründen der Fleischhygiene sehr bedenklich und oft auch gesetzlich unzulässig. Abzuraten ist vom Verkauf in der Decke aber auch, weil so keine kostendeckenden Erträge zu erzielen sind. Wenig Aufwand verursacht der Verkauf des Schlachtkörpers, der passable Einkünfte bringt.

Der Verkauf des Schlachtkörpers – das ist der ausgeweidete und enthäutete Körper ohne Innereien, Haupt und Läufe – bis hin zur Grobzerlegung zählen noch zur landwirtschaftlichen Urproduktion. Ein Verkauf der Einzelteile kann mehr einbringen, erfordert aber auch wesentlich mehr Aufwand.

Vakuumverpackung

Eine Vakuumverpackung schützt Fleisch vor Verschmutzung, begünstigt die Ausbildung von Milchsäurebildnern, unterdrückt die sauerstoffbedürftigen Lebensmittelverderber und ermöglicht so eine mehrwöchige Haltbarkeit bei 0 bis 2 °C. Bei einer Lagertemperatur von 6 °C verkürzt sich die Haltbarkeit aber auf eine Woche. Zur Vakuumierung sollte der pH-Wert des verpackten Fleisches unter 5,8 liegen. DFD-Fleisch von Tieren, die vor ihrer Tötung großem Stress ausgesetzt waren, ist für die Vakuumierung wegen des zu hohen pH-Wertes ungeeignet.

Grundsätzlich ist Wildfleisch für die Vakuumverpackung besonders geeignet, weil es nur geringe Saftverluste von 1 bis 3 % aufweist. Die Vakuumverpackung ermöglicht zudem eine optimale Nutzung des Kühlraums, wenngleich durch das Verpacken zusätzliche Kosten entstehen. Auch die Fleischreifung lässt sich durch Vakuumierung optimieren. Mit einer frühzeitigen Zerlegung und anschließenden raschen Vakuumierung (24 Stunden nach Tötung) lässt sich die Fleischausbeute erheblich verbessern.

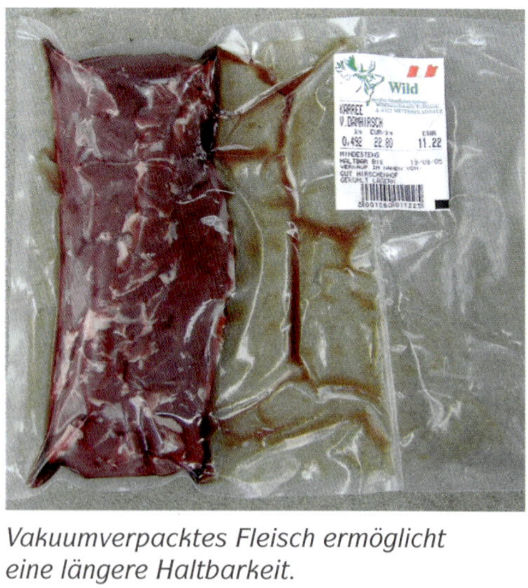

Vakuumverpacktes Fleisch ermöglicht eine längere Haltbarkeit.

Tiefkühlen

Wildfleisch kann im Kühlschrank bis zu drei Wochen aufbewahrt werden. Bei –18 °C kann mageres Fleisch in der Gefriertruhe mindestens ein Jahr gelagert werden, fettes Fleisch hingegen nur ein halbes Jahr. Dabei ist auf eine luftdichte Verpackung zu achten, damit keine Qualitätsminderung durch Gefrierbrand eintritt. Wegen der dabei anfallenden Energiekosten ist es für Direktvermarkter jedoch höchstens angeraten, einzelne Fleischteile für kurzfristige Lieferengpässe einzufrieren. Wild, das bereits einmal eingefroren und bei Kühlschranktemperatur aufgetaut wurde, kann noch einmal eingefroren werden. Fleischsaft, der durch das Auftauen verloren geht, ist kein Problem, und auch geschmacklich entstehen keine Nachteile. Grundsätzlich gilt: Je magerer das Wildfleisch ist, desto längere Einfrierperioden sind möglich.

Zubereitung

Die Zubereitung von Wildfleisch unterscheidet sich nicht von der anderer Fleischsorten. Auch Wild kann gekocht, gebraten, gedünstet oder gegrillt werden. Bei der Zubereitung sollte für mindestens zehn Minuten eine Kerntemperatur von 80 °C erreicht werden, um sämtliche eventuell vorhandenen Bakterien abzutöten. Andererseits sollen Rücken oder Schlögel eine Kerntemperatur von 60 °C nicht wesentlich überschreiten, da sie bei zu hohen Temperaturen zäh werden können. Während früher mit dem Begriff **„Haut gout“** der typische Wildgeruch und -geschmack am Höhepunkt der Fleischreifung verstanden wurde, wird heute damit minderwertiges, verdorbenes Fleisch bezeichnet, das schon einen fauligen Beigeschmack hat. **Beizen** als Maßnahme zum Abschwächen dieses allzu strengen Wildgeschmacks ist bei sauber produziertem Farm- und auch Jagdwild nicht nötig. Manche Köche beizen dennoch mit Buttermilch-, Essig-, Rotwein- und Trockenbeizen, weil das Fleisch dadurch zarter werden und eine kürzere Garzeit benötigen soll. Mitunter wird Wildfleisch auch mit Speck oder Selchspeck **gespickt**.

Zum **Würzen** werden fertige Gewürzmischungen angeboten. Besser zur Geltung kommt Wildfleisch jedoch, wenn nur Salz, Pfeffer, frische Kräuter sowie allenfalls Wacholder und Lorbeer verwendet werden.

Fleischwaren

Neben Fleisch (frisch, vakuumiert oder tiefgefroren) sind Wildfleischwaren, wie Geselchtes (Rohschinken), (Roh- und Brüh-)Würste und Pasteten, sehr gefragt.

Produktkennzeichnung

Wer Gutes produziert, soll das auch gut sichtbar machen. Begleitscheine, Etiketten oder Anhänger für Frischfleisch sollten daher zumindest die Bezeichnung des Stücks, die Menge, den Namen des Betriebs, die Wirtschaftsweise und das Produktionsdatum angeben. Für verarbeitete und verpackte Ware sehen die lebensmittelrechtlichen Bestimmungen weitere gesetzliche Pflichten vor. Hier müssen unter anderem auch die Zutaten und das Mindesthaltbarkeitsdatum angegeben werden. Aus Marketinggründen ist es zudem ratsam, durchgehend ein einheitliches Erscheinungsbild – am besten mit einem einprägsamen Logo – zu verwenden.

Hermann Papst, einer der Pioniere der Farmwildvermarktung, beliefert Marktstände in Wien und Graz.

Sehr gefragt sind Wildwürstel.

Nebenprodukte/Fell

Neben dem Verkauf von Wildfleisch kommen als Nebenprodukte noch die Decken (Haut und Fell) des Damwildes und eventuell das Geweih in den Handel.

Ein rund 15 Monate alter Damspießer hat eine Decke von etwa 110 cm Länge und 80 cm Breite. Soll diese gegerbt werden, ist es wichtig, dass der Einschuss das Fell nicht beeinträchtigt. Es muss sorgfältig von Fleischresten gesäubert und rasch zum Gerben gebracht werden. Bei der Fellgerbung kommt es auf persönliche Vorlieben der Kunden betreffend Zeichnung und Farbe an; besonders begehrt sind gefleckte und porzellanfarbige Tiere. Abhängig vom Zeitpunkt, also Sommer- oder Winterfell, hat das Fell unterschiedliche Eigenschaften: Sommerfell hat generell eine ausgeprägtere Zeichnung

Fell

und ist wesentlich geschmeidiger. Eine weitere Möglichkeit ist die Herstellung von Wildleder, das zu Bekleidung verarbeitet werden kann. Auch dabei ist das Sommerleder dem Winterleder vorzuziehen, da es weicher ist. Insgesamt hat Leder von Damwild eine sehr gute Qualität und kann am ehesten mit Rehleder verglichen werden.

Ernährungsphysiologische Bedeutung

Die Bibel beginnt mit der Schöpfungsgeschichte. Bald danach kommt aber schon der Rat, Damfleisch zu essen: Bereits im Alten Testament wusste Deuteronimus im sogenannten Deuteronomischen Gesetzbuch (Deut. 14,3–4), dass man nichts essen soll, was ein Gräuel ist. Und er zählt die Großtiere auf, die man essen darf – in dieser Aufzählung findet sich gleich zu Beginn der Damhirsch. Heutzutage gilt zwar die Bibel nicht mehr als Ernährungsratgeber, doch der Deuteronomische Ratschlag ist auch aus heutiger ernährungsphysiologischer Sicht aktuell. Der Fleischverzehr der Österreicher liegt bei etwa 60 kg pro Kopf und Jahr, der Wildfleischkonsum spielt jedoch mit 0,6 kg pro Kopf und Jahr eine eher geringe Rolle. Allerdings nimmt die Nachfrage nach Wildfleisch trotz allgemein rückläufigem Fleischkonsum stetig zu. In Deutschland ist der Wildfleischkonsum in den letzten Jahren auf 0,8 bis 0,9 kg pro Kopf gestiegen. Ein Grund dafür ist, dass Wild vor nicht allzu langer Zeit nur innerhalb der Jagdsaison in den Wildwochen sämtlicher Gasthäuser genossen werden konnte. Durch die Gehegehaltung ist frisches Wildfleisch jedoch das ganze Jahr über erhältlich.

Lebensmittelqualität

Genügte früher die Bereitstellung ausreichender Nahrungsmengen, so werden heute höhere Anforderungen an die Qualität eines Lebensmittels gestellt. Gerade durch die Verunsicherung infolge verschiedener Lebensmittelskandale wird erwartet, dass Fleisch gesundheitlich unbedenklich und frei von Rückständen ist. Der Konsument erwartet weiters, dass die Tiere artgerecht und in intakter Umgebung gehalten werden, dass ihre Tötung stressfrei erfolgt und dass das so erzeugte Fleisch einen hohen Nährwert und gute ernährungsphysiologische Eigenschaften hat – und natürlich gut schmeckt. Neben Geruch, Geschmack und Konsistenz bestimmen aber auch Faktoren, wie Frische, Haltbarkeit und Bequemlichkeit, die Kaufentscheidung. Fleisch soll so vorverarbeitet, portioniert und verpackt sein, dass es rasch und ohne große Kochkenntnisse zubereitet werden kann. Daneben soll die Tierhaltung auch keine Umweltbelastungen (Stichwort Gülleausbringung) verursachen. Alle diese Anforderungen erfüllt Damwild aus dem Gehege optimal.

Wildbret

Wildbret vom Reh ist dunkelrot bis rotbraun, kurzfaserig und hat ein feines Aroma. Es ist geschmacklich am ehesten mit Damwild zu vergleichen. Das hellrotbraune, zarte, saftige Damfleisch ist ein eiweißreiches und fettarmes Lebensmittel, das sich auch besonders für die Diätküche eignet. Rotwildfleisch ist hingegen kerniger und langfaseriger, Sikawild liefert feines, dunkelbraunes, saftiges Fleisch.

Geschmack und Geruch des Wildbrets hängen aber nicht nur von der Art, sondern auch vom Alter und der Jahreszeit ab, in der das Wild erlegt wurde. Fleisch von jüngeren Tieren ist generell zarter. Fleisch von im Herbst oder Winter erlegten Tieren wird allgemein als schmackhafter und fettärmer beschrieben, während Hirschfleisch zur Brunftzeit einen intensiven Geruch und Geschmack entwickelt.

Inhaltsstoffe

Aufgrund des geringen Fettgehaltes von unter 4 % eignet sich Wild sehr gut zum Lagern, da sich die Haltbarkeit von Tiefkühlware primär durch den Fettgehalt bestimmt. So wird das Gewebe durch die Tiefkühllagerung sogar gelockert und mürbe. Wildfleisch hat einen hohen Eiweißgehalt von bis zu 24 %. Beim Cholesterin- (60–70 mg/100 g) und Puringehalt gibt es keine großen Unterschiede zu anderen Fleischsorten. Positiv wirken sich auch der geringe Bindegewebsanteil und die zarten Muskelfasern des Wildfleisches aus, da es dadurch leicht verdaulich ist.

Landwirtschaftliche Nutztiere wurden durch Zucht und Mast fettärmer. Dennoch zeigen sich in den Fleischteilen verschiedener Tiere sehr unterschiedliche Fettgehalte. Während ein Rehschlögel 1,3 % Fett enthält, ist ein Kalbsschlögel mit 0,7 % fettärmer, Schlögel vom Rind (3,2 %), vom Rotwild (5 %) und erst recht vom Schwein (12,2 %) sind hingegen deutlich fetter.

Die **Nährstoffdichte**, also die Summe der Nährstoffe bezogen auf den Energiegehalt, ist beim Wildfleisch besonders günstig, da es energiearm ist und viele Vitamine, vor allem aus dem **B-Komplex**, enthält. So ist das Vitamin B_2 (Riboflavin) wichtig für die Energiegewinnung und das Immunsystem. Eine Portion Wildfleisch deckt bereits den täglichen Bedarf an Vitamin B_{12} (Cobalamin) – das unter anderem für die Blutbildung und die Zellregeneration wichtig ist – und ein Drittel des Bedarfes an Vitamin B_6 (Pyridoxin). An Mineralstoffen und Spurenelementen enthält Wildfleisch **Phosphor**, das einen wichtigen Baustein von Knochen, Zähnen und Eiweiß darstellt, **Kalium**, das für die Funktion der Nerven und Muskelzellen notwendig ist, sowie **Magnesium**, ein wichtiger Knochenbestandteil. Besonders hervorzuheben ist weiters der hohe Anteil an **Eisen**, das als Spurenelement für den Sauerstofftransport im Blut von großer Bedeutung ist, sowie **Zink** und **Selen**.

100 Gramm Fleisch enthalten nach verschiedenen Untersuchungen:

	Damwild	Rotwild	Rehwild	Rind	Schwein
Wasser %	74,3–74,7	74,1–74,8	73–75,8		
g	74,3	74,8	75,7	69,7	71,5
Eiweiß %	23,1–23,3	21,4–24,0	19,8–22,6		
g	22,4	21,4	21,4	20–22,7	16,2–21,3
Fett %	0,8–1,1	0,8–2,9	1,1–6,5		
g	1,1–3,6	2,9	1,2	6,6–10,2	6,2–30,7
Asche %	1,4	1,1	1,0		
Eisen mg	3,0			2,5	2,3
Energie kcal	106–122	114	122–146	174	336
kJ	438–512	474	507–607	731	1.411

PRAXISTIPPS: Verarbeitung und Kochen

- Die Zartheit des Fleisches hängt in erster Linie vom Alter des Tieres ab. Ideal sind junge Damtiere, die mit **16–20 Monaten** erlegt wurden.
- Für die Zartheit des Fleisches ist es weiters ratsam, das Fleisch **gut abhängen** zu lassen.
- Wildfleisch sollte bei Temperaturen zwischen **100 und 140 °C** gebraten werden.
- Das Kochen sollte **langsam, aber lang** erfolgen. Je hochwertiger das Fleisch ist, desto niedriger sollte die Gartemperatur sein, weil eine zu hohe Temperatur das Fleisch zäh macht.

Wirtschaftlichkeit

Futterbedarf

Arbeitszeitbedarf

Kapitalbedarf

Einfache Deckungsbeitrags- und Vollkostenrechnung

Wirtschaftliche Faustzahlen aus der Praxis

Die Gehegewildhaltung hat gegenüber anderen landwirtschaftlichen Bewirtschaftungsformen den Vorteil, dass sie mit sehr niedrigen Gebäude- und Maschineninvestitionen auskommt. Dafür sind die Zaunkosten wesentlich höher als in der Mutterkuh- oder Koppelschafhaltung. Für die Wirtschaftlichkeit der Gehegewildhaltung sind vor allem die Fruchtbarkeit und Wuchsleistung der Tiere, die Verkaufspreise für Zuchttiere und Fleisch sowie die Kosten (Futterkosten, Arbeits- und Kapitaleinsatz) entscheidend. Ideal wäre ein billig errichtetes Gehege samt einfacher Verarbeitungsanlage und eine Herde mit vielen gesunden Kälbern pro Jahr, die mit hofeigenem Futter ohne viel Betreuung kräftig wachsen und sich nach einem Jahr zu hohen Preisen verkaufen lassen.

Damwildgehege eignen sich besonders zur **Bewirtschaftung von sonst unrentablen Steilflächen** – eine Leistung zur Kulturlandschaftspflege, die im Rahmen der EU-Agrarmaßnahmen gefördert wird. Die Wirtschaftlichkeit der Gehegewildhaltung hängt daher auch wesentlich von landwirtschaftlichen Programmen, wie dem ÖPUL, und Maßnahmen aufgrund der erschwerten Bewirtschaftung, wie der Ausgleichszulage, ab. Damwildgehege eignen sich besonders für die biologische Landwirtschaft. Hier stehen gewissen Bewirtschaftungseinschränkungen eine höhere Flächenförderung und höhere Verkaufserlöse gegenüber. Im Übrigen ist die Wildtierhaltung kein Gegenstand der EU-Marktordnung, es gibt daher für Wildhalter – zumindest in Österreich – derzeit keine Tierprämien o. Ä.

Futterbedarf

Der ideale Flächenbesatz an Tieren hängt vom Futterzuwachs ab, der unter anderem von Bodentyp und -feuchtigkeit, Pflanzenbestandszusammensetzung, Weidemanagement, Düngung und Witterung abhängt. Als grober Richtwert können sieben bis zehn Muttertiere pro ha Weide gelten, zu denen noch ihre Nachzucht und die Hirsche kommen. Je nach Saison befinden sich z. B. in unserem 3,5 ha großen Gehege zwischen 35 und 60 Tiere jeden Alters. Werden zu viele Tiere auf der Fläche gehalten, verstößt das im Extremfall gegen das Tierschutzgesetz. Aber auch wirtschaftlich betrachtet ist ein zu hoher Besatz nicht sinnvoll, da die Tiere wegen des zu hohen Beweidungsdrucks nicht genügend Nahrung auf der Weide vorfinden. Es muss einerseits kostenaufwendig zugefüttert werden, andererseits schädigen die Tiere die Grasnarbe durch zu kurzen Verbiss nachhaltig.

Speziell in Deutschland finden sich die Begriffe Produktionseinheit Damwild (PED) bzw. Produktionseinheit Rotwild (PER). Diese setzen sich nach Bogner folgendermaßen zusammen (siehe Tabelle).

Tier	Haltung von (Monat des Ausgangsjahres) bis (Monat des Folgejahres)	Lebendgewicht Damwild	Lebendgewicht Rotwild
1 Zuchttier	April bis Mai	ca. 50 kg	ca. 100 kg
0,85 Kälber	Juli bis Mai	5–28 kg	7–50 kg
0,425 Spießer	April bis September	28–46 kg	60–100 kg
0,425 Schmaltiere	April bis Oktober	22–38 kg	50–80 kg
0,07/0,05 Hirsche	April bis März	ca. 70 kg	ca. 200 kg

Die in der Landwirtschaft übliche Größeneinheit ist die Großvieheinheit GVE, die für 500 kg Lebendmasse – laienhaft ausgedrückt eine Kuh mit Kalb – steht. Eine GVE entspricht rund sechs PED oder drei PER bzw. acht Stück Damwild oder vier Stück Rotwild.

Arbeitszeitbedarf

Die Gehegewildhaltung in der in diesem Buch beschriebenen Form ist eine sehr extensive landwirtschaftliche Bewirtschaftungsform, d. h., sie erfordert einen im Vergleich zu anderen Betriebszweigen deutlich geringeren Zeitaufwand. Aber einen täglichen Blick auf die Herde sollte jeder Wildhalter werfen. Alternativ kann man die Tiere auch von einem Sachkundigen beobachten lassen. Besonders ist auf den Ernährungs- und Gesundheitszustand der Herde – vor allem auf mögliche Krankheitsanzeichen, wie struppiges Fell, Durchfall u. Ä., – zu achten. Zudem sind vor allem der Zaun, aber auch die Fütterung, Tränke sowie die Unterstände regelmäßig zu kontrollieren. Die meiste Zeit wird für die Winterfütterung (in unserem Fall rund eine halbe Stunde pro Woche für die gesamte Herde) benötigt. Dazu kommen Arbeitsspitzen während der Setzzeit – wir kontrollieren im Juli und August das Gehege mindestens alle zwei Tage – und die Zeit für Verarbeitung/Vermarktung. Richtwerte sind hier schwer anzugeben, der Zeitbedarf hängt stark vom persönlichen Geschick und der Auslagerung von Arbeitsschritten an Fachleute (z. B. Fleischer) ab. Extrem zeitaufwendig gestaltet sich das Narkotisieren und Einfangen von Tieren, etwa zur Behandlung oder zum Lebendverkauf.

Arbeitszeitbedarf

Berechnungen des KTBL (1993) gehen aufgrund von Erfahrungen aus Rheinland-Pfalz von folgendem Arbeitsbedarf beim Damwild aus:

- Flächengebundene Arbeiten (Herdenmanagement, Zaunkontrolle, Hygienemaßnahmen) **19 AKh/ha**
- Tiergebundene Arbeiten (Winterfütterung, Verarbeitung, Vermarktung, Kontrolle) **3 AKh/PED**
- bei 8–10 PED/ha **43–49 AKh/ha**
- oder **5 AKh/PED**

Wird das Winterfutter selbst erzeugt, kommen noch **1–2 AKh/PED** dazu.

Blum/Fischer rechnen mit einer Arbeitszeitdegression bei größeren Gehegen und gehen bei einem 20 ha großen Damwildgatter von ca. 34,5 AKh/ha aus.

Bogner (1999) gibt den Arbeitszeitbedarf für Rotwild mit 34 AKh/ha bzw. 7 AKh/PER an.

(* AKh = Arbeitskraftsstunde)

Kapitalbedarf

Dem niedrigen Zeitbedarf steht der hohe Kapitalaufwand für die Errichtung des Geheges sowie der Nebenanlagen, die sich dann über einen langen Zeitraum abschreiben lassen, und der Tierzukauf für den Erstbesatz des Geheges gegenüber.

Diese Investitionen bilden jedoch die Grundlage für einen langen Produktionszeitraum – 40 Jahre beim Zaun, 15 Jahre bei der Herde – deswegen sollte hier nicht am falschen Platz gespart werden.

Anlage

Die Anlage besteht aus dem Zaun samt Toren, Fütterungs- und Tränkeeinrichtungen sowie allenfalls Unterständen, Beobachtungs- und Fangeinrichtungen. Die dafür anfallenden Kosten hängen wesentlich von Gehegegröße und -form, Gelände, Eigenleistung bei der Errichtung und gewähltem Material ab.

Bogner (1999) geht von Errichtungskosten für eine Anlage ohne Fangeinrichtung von gut 1.000 bis 3.500 Euro pro ha Gehege aus, wobei eventuell erforderliche Ausgleichsmaßnahmen für den Naturschutz in diesem Betrag nicht enthalten sind. Ausgehend von diesen Anschaffungskosten kommt Bogner auf jährliche Kosten von 135 bis 470 Euro pro ha Gehege, die vor allem aus der Abschreibung (10 % für Zaun und Tore, 5 % für Fütterungs- und Beobachtungseinrichtungen) resultieren. Ein Kostensprung tritt zwischen 5 und 7,5 ha großen Gehegen auf, da hier zusätzliche Unterteilungen und Einrichtungen erforderlich werden.

Tiere

Beim Erstbesatz ist mit Kosten für einen Zuchthirsch von 360 bis 500 Euro und für ein trächtiges Jungtier von ca. 250 Euro zu rechnen (Rotwild kostet rund das Doppelte bis Dreifache). Diese Preise verstehen sich üblicherweise bei Abholung am Zuchtbetrieb, der auch die Kosten des Einfangens trägt. Die Transportkosten hat hingegen in der Regel der Käufer zu tragen, dem oft auch ein Anteil der Kosten der Immobilisation übergewälzt wird. Wichtig sind daher klare Vereinbarungen vor dem Kauf.

Laufende Kosten

Die laufenden Kosten setzen sich aus Futter- und Behandlungskosten zusammen. Bogner kalkuliert einen Nährstoffbedarf von rund 5.500 MJ pro Jahr und PED bzw. 8.900 MJ pro PER und rechnet mit einem Hektarertrag von gut 40.000 MJ Weide oder 33.000 MJ Heu (Extensivgrünland); bei intensiver Grünlandnutzung lassen sich diese Erträge verdoppeln bzw. 80.000 MJ Grassilage gewinnen. Auf genauere wissenschaftliche Berechnungen gehen wir hier aber nicht ein, sondern verweisen auf Richtwerte aus der Praxis.

Einfache Deckungsbeitrags- und Vollkostenrechnung

Um die Rentabilität der Wildhaltung beurteilen zu können, empfiehlt sich eine einfache Buchführung in Form einer Einnahmen-/Ausgaben-Rechnung, auch wenn diese für landwirtschaftliche Betriebe in der typischen Größe eines Wildhalters gesetzlich nicht zwingend vorgeschrieben ist. Mit wenig Aufwand lässt sich so ein guter Überblick über die Rentabilität des Betriebes erreichen und zudem sind steuerliche Vorteile aufgrund der Vorsteuerabzugsberechtigung möglich.

Der **Deckungsbeitrag** ergibt sich aus dem Rohertrag minus den variablen Spezialkosten. Auf den Deckungsbeitrag pro Tier kommt man, wenn man den Gesamt-Deckungsbeitrag durch die Anzahl der Tiere dividiert. Bogner (1999) gibt den Deckungsbeitrag bei Damwild mit 98 bis 108 Euro pro PED und bei Rotwild mit 208 bis 225 Euro pro PER (jeweils exklusive Grundfutter) an. Blum/Fischer (1999) kommen beim Versuchsgatter Iden (Besatz acht PED/ha, Extensivgrünland) auf 119 Euro pro Alttier bzw. 955 Euro pro ha. Naderer/Huber (2005) gehen für Bayern von einem Deckungsbeitrag zwischen 400 bis 800 Euro pro ha aus, womit die Gehegewildhaltung eine ähnliche Wirtschaftlichkeit wie die Haltung von Schafen, Ziegen oder Mutterkühen hat.

Der Deckungsbeitrag eignet sich, um verschiedene mögliche Betriebszweige zu vergleichen, zur Berechnung des tatsächlichen Einkommens müssen noch die anteiligen Fixkosten abgezogen werden. Dazu zählen die Instandhaltungskosten und die Abschreibung.

Blum/Fischer (1999) haben anhand des Versuchsgatters Iden in Sachsen-Anhalt (17,8 ha) bei einem Besatz von acht PED/ha im extensi-

Einfache Deckungsbeitrags- und Vollkostenrechnung

Gehegegröße in Hektar:
Durchschnittlicher Tierbesatz (Alttiere bzw. setzfähige Tiere/Jahr):

	Einheit	Menge	ØSchlacht-gewicht	€/Einheit	Summe	€/Tier	€/ha
ERTRÄGE							
Verkauf Zuchttiere							
Kalb	Stück						
Tier	Stück						
Spießer	Stück						
Hirsch	Stück						
Verkauf Fleisch und Produkte							
Schlacht-körper	kg						
Innereien	kg						
Rücken	kg						
Schlögel	kg						
Schulter	kg						
Sonstige Teile	kg						
Würste	kg						
Selchwaren	kg						
Häute	Stück						
Geweihe	Paar						
Sonst. Erlöse (Agrarprogramme, Ausgleichsmaßnahmen, Leistungsabgeltungen, Vertragsnaturschutz)							
ÖPUL, AZ, Bio	ha						
ROHERTRAG							
VARIABLE KOSTEN							
Zukauf Tiere	Stück						
Silage	Ballen						
Heu	kg						
Zusatzfutter	kg						
Tierarzt	€	—	—	—			
Zaun, Anlage	€	—	—	—			
Maschinen, Geräte	€	—	—	—			
Vermarktung	€	—	—	—			
Zinsanspruch	€	—	—	—			
SUMME VARIABLE SPEZIALKOSTEN							
DECKUNGSBEITRAG (= ERTRAG – VARIABLE KOSTEN)							
FIXKOSTEN							
Fremdarbeit	AKh						
AfA Anlage	€	—	—	—			
AfA Ausstattung	€	—	—	—			
AfA Vermarktung	€	—	—	—			
Gebühren	€	—	—	—			
Zinsanspruch Invest.-kapital	€	—	—	—			
SUMME FIXKOSTEN							
GEWINN/VERLUST (= DECKUNGSBEITRAG – FIXKOSTEN)							

ven Grünland einen Gewinn von 43 Euro pro Alttier bzw. 336 Euro pro ha berechnet. Unter Berücksichtigung der derzeitigen Agrar- und Umweltprogramme sowie der Bioförderung liegt der derzeit in Österreich zu erzielende Gewinn deutlich über diesem Betrag.

Die Gehegewildhaltung eignet sich aus wirtschaftlichen Überlegungen demnach besonders für Nebenerwerbsbetriebe mit wenig freier Arbeitszeit und Betriebe, die für andere Tierhaltungen Gebäude errichten oder umbauen müssten.

Wirtschaftliche Faustzahlen aus der Praxis

- **Ideal für Nebenerwerbslandwirtschaft:** Damwildhaltung ist eine im Großen und Ganzen sehr arbeitsextensive Bewirtschaftungsform, Damwild ist die ideale Wildart zur Haltung im Rahmen einer Nebenerwerbslandwirtschaft. Zur ungefähren Kostenabschätzung geben wir im Folgenden unsere eigenen Erfahrungswerte an, weisen aber ausdrücklich darauf hin, dass das unsere Kosten und Erlöse – also grobe Richtwerte aus der Praxis, aber ohne Anspruch auf Allgemeingültigkeit – sind. Bei Wirtschaftlichkeitsberechnungen für den jeweiligen Betrieb helfen jedoch die Interessensverbände gerne weiter, die zudem die jeweils aktuellen Fördermöglichkeiten kennen.
- **Gehegeerrichtung – 3.600 Euro/ha:** Unser Gehege wurde im Jahr 2001 auf steilem und waldigem Gelände händisch errichtet. Es hat eine Gesamtfläche von 4 ha, wovon 3,5 ha auf Weide, 0,2 ha auf Wald und 0,3 ha auf Biotopflächen entfallen, die aus Naturschutzgründen und zur Parasitenvorbeugung ausgezäunt wurden. Der Zaun hat eine Gesamtlänge von 1.500 m. Die Anlage kostete inklusive des gesamten Materials (Pflöcke, Drähte, Tore u. Ä.) samt den Naturschutzmaßnahmen, der Errichtung durch eine Fremdfirma und dem Freischneiden rund 10 Euro/m (ohne Eigenleistung) bzw. 3.600 Euro pro ha.
- **Erstbesatz – 1.100 Euro/ha:** Bei einem geplanten Flächenbesatz von acht Tieren/ha kann für ein 3,5 ha (Weide) großes Gehege mit einem Erstbesatz von 18 trächtigen Tieren und einem Hirsch das Auslangen gefunden werden. Die weiblichen Nachkommen des ersten Jahres – sie stammen noch nicht vom Zuchthirsch – werden für die Weiterzucht verwendet. Entnahmen und Einkünfte sind daher erst im zweiten Jahr möglich. Der Erstbesatz schlägt daher mit rund 4.000 Euro (gut 1.100 Euro/ha) zu Buche.
- **Laufende Kosten – 480 Euro/ha:** Unserer Erfahrung nach lässt sich der Nährstoffbedarf zur Gänze aus kostengünstigem Grundfutter (Weidegang in der Vegetationszeit, Grassilage und Heu im Winter) decken, wobei das Winterfutter außerhalb des Geheges gewonnen oder zugekauft wird. Dabei kostet ein Grassilage-Rundballen (Bio) in der Obersteiermark derzeit ca. 25 Euro, 1 Tonne Bioheu (lose) ca. 200 Euro. In einer Winterfütterungsperiode (25 Wochen) werden wöchentlich ein Siloballen und insgesamt drei Tonnen Heu für rund 40 Tiere verfüttert. Das macht zusammen 1.225 Euro (exkl. USt). Mit den Kosten für Salzsteine, gelegentlichem Bio-Mais als Lockmittel und dem Entwurmungspräparat belaufen sich die jährlichen Futter- und Behandlungskosten auf 1.500 Euro pro Jahr. Die Kosten für die tierärztliche Betreuung, Tötung, Lebend- und Fleischbeschau, Verarbeitung durch Fremdfirmen etc. sind sehr variabel, betragen in

unserem Fall rund 180 Euro pro Jahr. Bei einer durchschnittlichen Herdengröße von 40 Tieren ergibt das Kosten von 42 Euro pro Tier bzw. 480 Euro pro ha Gehege (Weide).

- **Setzquote nicht unter 75 %:** Eine wesentliche Basis einer wirtschaftlichen Wildhaltung bilden fruchtbare Tiere und Hirsche. Die Setzquote sollte an die 100 % betragen, jedenfalls aber nicht unter 75 % liegen, d. h., eine Herde mit 20 Muttertieren sollte jedes Jahr 15 bis 20 Kälber gebären. Liegt sie darunter, kann das auf ein ungünstiges Geschlechterverhältnis (günstig: 1 Hirsch pro 20 Tiere), Überalterung des Bestandes (ideale Nutzungsdauer ca. 12–15 Jahre), Überbesatz oder Krankheiten zurückzuführen sein. Neben einer hohen Setzquote tragen niedrige Kälberverluste wesentlich zu einer rentablen Haltung bei. Aufgrund der extensiven Haltung muss jedoch mit Ausfällen bis zu 25 % (in der Regel aber nicht höher als 5 %) gerechnet werden, die durch Geburtsprobleme, schlechte Witterung, Mangelernährung bzw. Durchfall und tierische Feinde (u. a. Krähen, Füchse) verursacht werden.
- **Schlachtkörpergewicht – 20–28 kg:** Die Zuwachsleistung hängt stark von der Futtergrundlage ab. Bei einer wüchsigen Weide und artgerechter, extensiver Winterfütterung erreichen die einjährigen Tiere aber jedenfalls ein Lebendgewicht von 35–50 kg (Damspießer) bzw. 30–45 kg (Schmaltiere), der Schlachtkörper wiegt meist zwischen 20–25 kg. (Rotwildspießer wiegen nach 15–18 Monaten 100–120 kg und nehmen im Gegensatz zum Damwild auch im zweiten und dritten Jahr noch ordentlich zu.) Als Richtwert für das Ausschlachtungsergebnis gelten ca. zwei Drittel des Lebendgewichts. Bei einem 16 Monate alten Damtier mit einem Lebendgewicht von 35 kg kann man von einem Jagdgewicht von rund 23 kg ausgehen, beim gleich alten Damspießer von 45 kg Lebendgewicht und gut 30 kg Jagdgewicht. Nach Entfernung des Hauptes, der Läufe und der Decke verbleibt ein Schlachtkörper mit einem Gewicht von 20–28 kg. (Für Rotwild wird ein Schlachtgewicht in der Höhe von schwach 60 % des Lebendgewichtes angegeben.)
- **Schlachtkörperpreis – 1–9 Euro/kg:** Der Schlachtkörper verlässt mit dem amtlichen Beschaustempel versehen den Hof – zu Schlachtkörperpreisen zwischen 1 Euro pro kg (Wildhandel) bis zu 9 Euro pro kg (Direktvermarktung von Biowild). Auf Wunsch des Kunden ist auch eine Grobzerteilung möglich. Weitergehende Verarbeitungsschritte (Wursten, Pastetenerzeugung etc.) bringen zwar eine höhere Wertschöpfung, wollen aber wegen der zusätzlichen Hygiene-, Kennzeichnungs-, Steuer- und Sozialversicherungsbestimmungen gründlich überlegt sein. Bei den erzielten Verkaufserlösen zeigen sich somit gewaltige Unterschiede zwischen den Betrieben – gemeinschaftliche Vermarktungswege sind jedoch erst im Aufbau.
- **Verkauf von Nebenprodukten schwierig:** Neben dem Fleischverkauf lassen sich Einnahmen aus dem Verkauf der – meist weniger gefragten – Innereien Herz, Leber und Lunge erzielen. Ebenso finden sich immer wieder auch Käufer für Abwurfstangen und Geweihe, die als Trophäen präpariert oder zu Knöpfen verarbeitet werden. Ein weiteres Produkt, das derzeit weit unter seinem Wert – in der Regel als Abfall – gehandelt wird, ist das Fell bzw. die Haut. Aufgrund der Unversehrtheit durch den Haupt- oder Trägerschuss wäre sowohl die wunderschön gezeichnete Decke als auch das gegerbte Fell durchaus verkäuflich. Speziell im Sommer erlegte Tiere haben ein besonders ge-

schmeidiges Leder, das für Lederbekleidung hervorragend geeignet und anderen Lederarten weit überlegen ist: Für das Gerben ist mit Kosten von 35–60 Euro pro Stück zu rechnen. Für eine lange Lederhose oder einen Lederrock werden vier Häute benötigt, für eine kurze genügen mitunter bereits zwei Stück. Die Kosten für das Nähen variieren gewaltig; sie werden vor allem von der Art des Schnittes und den gewünschten Ziernähten beeinflusst.

- **Agrarförderungen und ökologische Leistungsabgeltungen – wichtig, aber langfristig schwer kalkulierbar:** Aufgrund der großen länderweisen und individuellen Unterschiede lassen sich kaum allgemein gültige, aussagekräftige Faustzahlen für die Prämien angeben, die aus agrarischen Programmen und Ausgleichszahlungen sowie Maßnahmen im Rahmen des Vertragsnaturschutzes zu erzielen sind. In unserem Fall übersteigen die Erlöse aus diesen Quellen aber derzeit die Einnahmen aus dem Fleischverkauf. Genauere Berechnungen erstellt die zuständige Bezirksbauernkammer.
- **Kostenfaktor Sozialversicherung:** Ein nicht zu unterschätzender Kostenfaktor können verpflichtende Sozialversicherungsbeiträge sein. Bei Gehegen, die auf früherem Ackerland errichtet wurden, kann der Beitrag an die Sozialversicherungsanstalt der Bauern 1.500 Euro pro ha betragen – die Sozialversicherungsbeiträge können damit die Kosten der Winterfütterung bald übertreffen.

Adressverzeichnis

Österreich

Österreichischer Wildgehegeverband
Kärntnerring 14, 1010 Wien
Telefon: 01/505 61 24, Fax: 01/505 61 24-24
E-Mail: mariette.wassibauer@mpa-vienna.at
Web: www.wildgehegeverband.at

Der Wildgehegeverband ist ein Zusammenschluss der Betreiber von Zuchtgehegen, Schaugehegen und Jagdgattern.

Bundesverband österreichischer Wildhalter
Hamerlinggasse 3, 8010 Graz
Telefon 0316/8050-1424 oder 0664/602596-1424
Fax 0316/8050-1508, E-Mail: rudolf.grabner@lk-stmk.at

Die ARGE ist der Dachverband der Landesverbände der vorwiegend fleischproduzierenden landwirtschaftlichen Wildhalter mit in der Regel kleineren Gehegen. Derzeit bestehen folgende Landesverbände im Rahmen der Landwirtschaftskammern:

- **Verband landwirtschaftlicher Wildtierhalter in der Steiermark**
  Hamerlinggasse 3, 8010 Graz
  Telefon: 0316/8050-1424, Fax: 0316/8050-1508
  E-Mail: rudolf.grabner@lk-stmk.at
- **Verband Niederösterreichischer Wildhalter**
  Wiener Straße 64, 3100 St. Pölten
  Telefon: 02742/259-3207

Fax: 02742/259-3009
E-Mail: oliver.bernhauser@lk-noe.at

- **Landesverband der landwirtschaftlichen Wildtierproduzenten Oberösterreich und Salzburg**
  Auf der Gugl 3, 4021 Linz
  Telefon: 050/6902-1526
  Fax: 050/6902-91526
  E-Mail: andreas.hager@lk-ooe.at
- **Kärntner Landesverband landwirtschaftlicher Wildtierproduzenten**
  Museumgasse 3, 9010 Klagenfurt
  Telefon: 0463/5850-1507
  Fax: 0463/5850-1519
  E-Mail: h_jury@lk-kaernten.at
- **Tiroler Wildhalter-Verband**
  Brixnerstraße 1, 6010 Innsbruck
  Telefon: 05/9292-1899
  E-Mail: christian.moser@lk-tirol.at

Forschungsinstitut für Wildtierkunde und Ökologie (FIWI) der Veterinärmedizinischen Universität Wien
Savoyenstraße 1, 1160 Wien
Telefon: 01/25077-7900
Fax: 01/25077-7941
E-Mail: fiwi@vetmeduni.ac.at
Web: www.vetmeduni.ac.at/fiwi/

Institut für Wildbiologie und Jagdwirtschaft (IWJ) der Universität für Bodenkultur Wien
Gregor-Mendl-Straße 33, 1180 Wien
Telefon: 01/47654-4450
Fax: 01/47654-4459
E-Mail: iwj@boku.ac.at
Web: www.iwj.at

Deutschland

Deutscher Wildgehege Verband e. V.
Tierpark Sababurg, Sababurg 1
34369 Hofgeismar/Sababurg
Telefon: 05671/766 499-11
Fax: 05671/766 499-99
E-Mail: info@wildgehege-verband.de
Web: www.wildgehege-verband.de

Bundesverband für landwirtschaftliche Wildhaltung e. V.
Claire Waldoff Straße 7, 10117 Berlin
Telefon: 030/319 04-197
Fax: 030/319 04-549
E-Mail: s.voell@bauernverband.net
Web: www.wildhaltung.net

Landesverbände:

- **Landesverband Bayerischer landwirtschaftlicher Wildhalter e. V.**
  Max-Joseph-Straße 9, 80333 München
  Telefon: 089/558 73-113, Fax: 089/558 73-383
  E-Mail: wildhalter@BayerischerBauernverband.de
  Web: www.wildhalter-bayern.de
- **Erzeugergemeinschaft für landwirtschaftliches Gehegewild in Bayern**
  Oberbernried 17, 92727 Waldthurn
  Telefon: 09658/786, Fax: 09658/3183273
  E-Mail: ferien-mueller@web.de
- **Landesverband landwirtschaftliche Wildhalter des Freistaates Sachsen e. V.**
  Agrozuchtfarm Breitenau e. G., Straße des Friedens 90, 09569 Oederan/Breitenau

Telefon: 037292/2910
Fax: 037292 /29113
E-Mail: info@agrozuchtfarm.de
Web: www.wildhalter-sachsen.de

- **Landesverband für landwirtschaftliche Wildhaltung Niedersachsen e. V.**
  Vor dem Zoll 2, 31582 Nienburg
  Telefon: 05021/9740-198
  Fax: 0511/3665-994484
  E-Mail: info@wildhaltung-niedersachsen.de
  Web: www.wildhaltung-niedersachsen.de
- **Landesverband Landwirtschaftliche Wildhaltung e. V. Brandenburg-Mecklenburg-Vorpommern**
  Gutshof 7, 14641 Paulinenaue
  Telefon: 033237/849 263
  Fax: 033237/849 249
  E-Mail: abehrendt@zalf.de
  Web: www.wildhaltung-bb-mv.de
- **Damwildfarming mitte-west (Rheinland-Pfalz und Hessen)**
  Burgenlandstraße 7
  55543 Bad Kreuznach
  Telefon: 0671/793-1124
  Fax: 0671/793-17124
  E-Mail: info@damwildfarming.de
  Web: www.damwildfarming.de
- **Landwirtschaftlicher Wildgehegeverband Sachsen-Anhalt e. V.**
  Temps Mühle 2, 39359 Calvörde
  Telefon: 039051/96362
  Fax: 039051/96363
  E-Mail: Eggers-Calvoerde@t-online.de
  Web: www.wildhalterverband-lsa.de
- **Verband landwirtschaftlicher Wildhalter Nordrhein-Westfalen e. V.**
  LWZ Haus Riswick, Elsenpaß 5
  47533 Kleve
  Telefon: 02821/996 131
  Fax: 02821/996 126
  E-Mail: hausriswick@lwk.nrw.de
- **Schleswig-Holsteinischer Landesverband für die landwirtschaftliche Wildhaltung e. V.**
  Futterkamp, 24327 Blekendorf
  Telefon: 04381/900 999
  Fax: 04381/900 947
  E-Mail: jthomsen@lksh.de
  Web: www.lwksh.de
- **Landesverband Saar für landwirtschaftliche Wildhaltung e. V.**
  Weiherhof, 66625 Nohfelden-Sötern
  Telefon: 06852/802 201
  E-Mail: weiherhoffamilie@gmx.de
- **Verband für landwirtschaftliche nutztierartige Haltung von Wild e. V. in Baden-Württemberg**
  Bopserstraße 17, 77180 Stuttgart
  Telefon: 0711/2140-232
  Fax: 0711/2140-244
  E-Mail: meyer@lbv-bw.de
  Web: www.wildhalterverband-bw.de
- **Landesverband Landwirtschaftlicher Wildhalter e. V. Thüringen**
  Rückersdorf 1, 07407 Uhlstädt-Kichhasel
  Telefon/Fax: 036742/605 33
  E-Mail: lfw-thueringen@web.de

Neumühle-Riswicker Zuchtverband e. V.
Hammweg 7a, 59602 Rüthen-Meiste
Telefon: 02952/468925
E-Mail: familyschmid@online.de
Web: www.neumühle-riswicker.de

Lehr-, Versuchs- und Demonstrationsgehege im Fachzentrum Almesbach
Baumannplatz 1, 92637 Weiden
Telefon: 0961/390 20
Fax: 0961/390 20-20
E-Mail: LVFZ-almesbach@lfl.bayern.de
Web: www.almesbach.de

Schweiz

Schweizerische Vereinigung der Hirschhalter (SVH)
Agridea Lindau, 8315 Lindau
Telefon: 052/354 97-00, Fax: 052/354 97-97
E-Mail: hirsche@agridea.ch
Web: svh.caprovis.ch
Präsident: Pius Benz,
Geschäftsführer: Michael Buchmann

Bundesamt für Lebensmittelsicherheit und Veterinärwesen (BLV)
Schwarzenburgstrasse 155, 3003 Bern
Telefon: 058/463-3033
E-Mail: info@blv.admin.ch
Web: www.blv.admin.ch

International

Europäischer Wildhalterverband, Federation of European Deer Farmers Associations (FEDFA) c/o British Deer Farmers Association (BDFA)
Mervinslaw Estate, Camptown by Jedburgh
Roxburgshire TD8 8 PL
Telefon: +44 183 58-402 66
Fax: +44 183 58-403 62
E-Mail: webmaster@fedfa.com
Web: www.fedfa.org

Deer Industry New Zealand
PO Box 10702, Wellington 6143 bzw. Level 5, Wellington Chambers, 154 Featherston Street, Wellington 6011, New Zealand
Telefon: +644/4734500
Fax: +644/4725549
E-Mail: info@deernz.org
Web: www.deernz.org

Weiterführende Literatur

Die aktuellen Fassungen der in diesem Buch erwähnten Gesetze und Verordnungen finden sich in den jeweiligen Rechtssammlungen, das sind für

- Österreich: www.ris.bka.gv.at
- Deutschland: www.gesetze-im-internet.de
- Schweiz: www.rechtsinformation.admin.ch/

Sie sind ebenso wie die im Buch erwähnten Richtlinien auch über die Interessensverbände erhältlich. Daneben enthalten die im Folgenden angeführten Bücher, Aufsätze und Beiträge weitergehende, vor allem wissenschaftlich vertiefende Informationen:

Audigé, Laurent/Giacometti, Marco/Wyss, Dominique: Auswertung über die Schweizer Hirschhaltung, in: Zentrum für Fisch- und Wildtiermedizin der Universität Bern (Hrsg.), Forum Kleinwiederkäuer 6/7, 1998.

Bayerisches Staatsministerium für Landwirtschaft und Forsten: Richtlinien für die Haltung von Dam-, Rot- und Sikawild sowie Muffelwild vom 02. 04. 2002.

Behrendt, Axel/England, Volker/Frank, Christian: Das neue Waffengesetz, in: Landwirtschaftliche Wildhaltung, Heft 3/2004.

Behrendt, Axel: Transport von Gehegewildtieren – Was ist zu beachten?, in: Landwirtschaftliche Wildhaltung, Heft 5/2004.

Bioland Bundesverband: Biologische Damwildhaltung, unter http://www.bioland.de/biotiere/damwild.html.

Bogner, Hermann (Hrsg.): Damwild und Rotwild in landwirtschaftlichen Gehegen, 2. Auflage, Verlag Paul Parey, Berlin/Hamburg 1999.

Bundesamt für Veterinärwesen: Bewilligungsverfahren Damhirschfarmen, Bern 1987.
Bundesamt für Veterinärwesen: Immobilisation von Dam-, Rot- und Sikahirsch, Bern 1985.
Bundesamt für Veterinärwesen: Haltung von Hirschen, Bern 2002.
Bundesamt für Veterinärwesen: Merkblatt Neue Tierverkehrskontrolle: Hirsch und anderes Schalenwild.
Bundesministerium für Ernährung, Landwirtschaft und Forsten: Leitlinien für eine tierschutzgerechte Haltung von Wild in Gehegen, 1995.
Bundesministerium für Gesundheit und Frauen: ÖTGD-Programm Parasitenbekämpfung und Immobilisation von Wildtieren in Gehegehaltung, in: Amtliche Veterinärnachrichten, Nr. 8a/2004.
Bundesministerium für Verbraucherschutz, Ernährung und Landwirtschaft: Fang- und Sortiereinrichtung mit Behandlungsbox für Damwild, BMVEL-Modellvorhaben, 1993.
Bundesverband für landwirtschaftliche Wildhaltung BLW (Hrsg.): Zahlen und Fakten zur landwirtschaftlichen Wildhaltung in Deutschland, 2004.
Bundesverband für landwirtschaftliche Wildhaltung BLW (Hrsg.): Landwirtschaftliche Wildhaltung – BLW Mitteilungen.
Clutton-Brock, T. H./Guinness, F. E./Albon, S. D.: Red Deer – Behavior and Ecology of two sexes, Edinburgh University Press, 1982.
Constantin, Ionel: Damwildhaltung als Alternative der Grünlandnutzung.
Constantin, Ionel: Fütterung von Damwild im Frühjahr, in: Landwirtschaftliche Wildhaltung, Heft 3/2005.
Deutz, Armin: Arzneimittelanwendung bei Wildtieren im Gehege, in: Ländliches Fortbildungsinstitut (Hrsg.), Tiergesundheit, 2004.
Deutz, Armin: Verzichtbarkeit des Medikamenteneinsatzes in der Schalenwildhege, Vortrag bei der Jägertagung in Gumpenstein, 2004.
Deutz, Armin/Fötschl, Harald/Herzog, Ulrich/Fucik, Stefan/Winkler, Mario: Moderner Tiergesundheitsdienst, in: Ländliches Fortbildungsinstitut, 3. Auflage 2003.
Deutz, Armin/Gasteiner, Johann/Buchgraber, Karl: Fütterung von Rot- und Rehwild, Leopold Stocker Verlag, Graz/Stuttgart 2009.
Deutz, Armin/Deutz, Uschi: Das Wildbret, Leopold Stocker Verlag, Graz/Stuttgart 2005.
Erhart, Engelbert: Landwirtschaftliche Wildhaltung in Österreich, Vortrag bei der BLW-Fachtagung, Ansbach 2005.
Fischer, Manfred/Schumann, Hans-Georg: Damwild – Ansprechen und Bejagen, Verlag Neumann-Neudamm, Melsungen 2002.
Forschungsinstitut für Wildtierkunde und Ökologie der Veterinärmedizinischen Universität Wien/Fachabteilung für das Veterinärwesen beim Amt der Steiermärkischen Landesregierung: Merkblatt für die Rot- und Damwildhaltung in Fleischproduktionsgattern, 1992.
Freistaat Sachsen: Grundlagen für die Genehmigung von landwirtschaftlichen Wildgehegen.
Golze, Manfred: Fleischqualität von verschiedenen Wildarten, in: Landwirtschaftliche Wildhaltung, Heft 1/2005.
Gruber, Alexandra: Wildbret – ein Beitrag für gesunde Ernährung, Vortrag bei der Jägertagung in Gumpenstein, 2002.
Halstenberg, Anne-Katrin: Was gehört auf's Etikett? Produktkennzeichnung für Wild und Wildfleischerzeugnisse, in: Landwirtschaftliche Wildhaltung, Heft 5/2004.
Hainfellner, Josef: Landwirtschaftliche Wildtierhaltung in Österreich und deren indikatorische Bedeutung für das österreichische Landschaftsbild, Dissertation, Universität für Bodenkultur, Wien 2001.
Heiß, Elisabeth: Facharbeit Dama dama, unter http://www.simenic.de/damadama.
Kainz, Reinhard: Neue Hygienevorschriften für Fisch und Wild auf europäischer Ebene, in: Cich-

na-Markl, Margit/Sontag, Gerhard (Hrsg.): Fisch und Wild als Lebensmittel – Seminar Lebensmittel tierischer Herkunft Teil 2, Gesellschaft österreichischer Chemiker, Wien 2005.

Kanton Luzern/Gesundheits- und Sozialdepartement/Veterinäramt: Tierschutz – Anforderungen an die Hirschhaltung in Gehegen, 2002.

Kanton Luzern/Gesundheits- und Sozialdepartement/Veterinäramt: Fleischhygienevorschriften für Zuchtschalenwild (Hirsche in Gehegen), Luzern 1997.

Klups, Norbert: Das Buch der Geschosse, 2. Auflage, Nimrod, 2003.

Kujawski, Olgierd E. J.: Die neue Wildküche, 2. Auflage, Leopold Stocker Verlag, Graz/Stuttgart 1997.

Kuratorium für Technik und Bauwesen in der Landwirtschaft KTBL (Hrsg.): Modellvorhaben Tiermerding – Fang- und Sortieranlage sowie Behandlungsbox für Damwild, Darmstadt 2003.

Ländliches Fortbildungsinstitut (Hrsg.): Leitlinien Frischfleischhygiene, Wien 2003.

Landeskammer für Land- und Forstwirtschaft in der Steiermark, Landwirtschaftliche Wildhaltung – Stand – Aspekte – Wirtschaftlichkeit, Graz 1999.

Landesverband der landwirtschaftlichen Wildtierproduzenten Oberösterreichs (Hrsg.): Wild aus dem bäuerlichen Gehege – herzhaft und g'schmackig.

Landesverband landwirtschaftlicher Wildhalter Sachsen e. V. et al.: Leitlinien zur guten fachlichen Praxis der landwirtschaftlichen Wildhaltung in Sachsen, 2004.

Landwirtschaftskammer für Oberösterreich, Landwirtschaftliche Dam- und Rotwildhaltung in Oberösterreich – Beratungsunterlage, Linz 1992.

Landwirtschaftskammer Hannover/Landesverband für landwirtschaftliche Wildhaltung Niedersachsen e. V., Beratungsempfehlungen ordnungsgemäße Wildhaltung, 1999.

Lang, Fritz: Wie schieße ich richtig, Leopold Stocker Verlag, Graz/Stuttgart 2008.

Lebenbauer, Bernhard: Gatterwild, in: Ländliches Fortbildungsinstitut (Hrsg.): Alternativen im Grünland, 2. Auflage, 2004.

Lehr- und Versuchsanstalt für Tierhaltung und Technik des Landes Sachsen-Anhalt Iden (Hrsg.): Ratgeber Damwildhaltung, Sonderheft der Zeitschrift Wildhaltung.

Meidel, Erich: Damwild – Ein Opfer der menschlichen Kultur, in: Jagd in Bayern, 1/2004.

Naderer, Josef/Huber, Anton: Die Wildhaltung in der Landwirtschaft, unter: http://www.lfl.bayern.de/ith/wild/11004.

Österreichisches Kuratorium für Landtechnik und Landentwicklung (Hrsg.): Direktvermarktung – Schlacht- und Verarbeitungsräume für die Vermarktung von Fleisch und Fleischwaren, ÖKL-Merkblatt Nr. 53, 3. Auflage, 1997.

Paulsen, Peter: Qualitätsaspekte bei Wildfleisch und Wildfleischwaren, in: Cichna-Markl, Margit/Sontag, Gerhard (Hrsg.): Fisch und Wild als Lebensmittel – Seminar Lebensmittel tierischer Herkunft Teil 2, Gesellschaft österreichischer Chemiker, Wien 2005.

Plambeck, Helmut: Aufbau eines Wildgeheges, in: Landwirtschaftliche Wildhaltung, Heft 1/2005.

Reinken, Günther/Hartfiel, Wilhelm/Körner, Eckart: Damtierhaltung auf Grün- und Brachland, 2. Auflage, Verlag Eugen Ulmer, Stuttgart 1987.

Salmutter, Stefan: Immobilisierung von Wild- und Gattertieren, in: Ländliches Fortbildungsinstitut (Hrsg.): Tiergesundheit, 2004.

Stangl, Peter Vitus: Richtlinien betreffend Festlegung von Kriterien guter fachlicher Praxis in der Haltung, Schlachtung und Vermarktung von Dam-, Rot- und anderen Wildhuftieren, in: ARGE landwirtschaftlicher Wildtierhalter Österreichs (Hrsg.): Verbandsinterne Richtlinien, 1998.

Statistik Austria (Hrsg.): Jagdstatistik 2004/05, Wien 2005.
Sternath, Michael (Hrsg.): Jagdprüfungsbehelf, 15. Auflage, Österreichischer Jagd- und Fischereiverlag, 2003.
The New Zealand Deer Farmers' Association and Deer Industry New Zealand, Landcare Manual, 2004.
Trense, Werner: Großwild weltweit, Leopold Stocker Verlag, Graz/Stuttgart 2005.
Trense, Werner: Wild kennt keine Grenzen, Leopold Stocker Verlag, Graz/Stuttgart 2003.
Ueckermann, Erhard/Hansen, Paul: Das Damwild – Naturgeschichte, Hege, Jagd, 3. Auflage, Kosmos-Verlag, 1994.
Verband oberfränkischer Wildhalter e. V.: Oberfränkisches Gehegemanagement, 2002.
Vodnansky, Miroslav: Richtlinien für die Haltung des Rot- und Damwildes sowie anderer Wildwiederkäuer in landwirtschaftlichen Betrieben, in: ARGE landwirtschaftlicher Wildtierhalter Österreichs (Hrsg.): Verbandsinterne Richtlinien, 1998.
Wagner, Franz Siegfried: Räuchern – Pökeln – Wursten, 5. Auflage, Leopold Stocker Verlag, Graz/Stuttgart 2005.
Wagner, Karl-Heinz: Ernährungsphysiologische Bedeutung von Fisch und Wild, in: Cichna-Markl, Margit/Sontag, Gerhard (Hrsg.): Fisch und Wild als Lebensmittel – Seminar Lebensmittel tierischer Herkunft Teil 2, Gesellschaft österreichischer Chemiker, Wien 2005.
Wahl, Dirk: Landwirtschaftliche Wildhaltung, unter: http://www.wildhaltung-niedersachsen.de.
Winkelmayer, Rudolf/Paulsen, Peter/Lebersorger, Peter/Zedka, Hans-Friedemann: Wildbret Direktvermarktung, Zentralstelle Österreichischer Landesjagdverbände, 2007.
Winkelmayer, Rudolf/Paulsen, Peter/Lebersorger, Peter/Zedka, Hans-Friedemann: Wildbret-Hygiene, Zentralstelle Österreichischer Landesjagdverbände, 2008.
Zähres, Wilhelm: 25 Jahre Zuchtprogramm Neumühle-Riswicker Damhirsche, in: Landwirtschaftliche Wildhaltung, Heft 3/2005.
Zoklits, Michael: Vorschlag für Richtlinien zur Haltung von Gatterwild im Ernte-Verband.

Glossar

Aus unserem Programm

ISBN 978-3-7020-1083-6

ISBN 978-3-7020-1331-8

ISBN 978-3-7020-1174-1

ISBN 978-3-7020-1448-3

Leopold Stocker Verlag

www.stocker-verlag.com

Graz – Stuttgart